"十三五"江苏省高等学校重点教材（编号：2019-2-119）

高等职业教育机械类专业系列教材

Moldflow 模流分析入门与实战

主　编　陈叶娣

副主编　钱子龙

参　编　严小锋　牛怀宇

主　审　张金标

机 械 工 业 出 版 社

本书为"注塑成型 CAE 技术及应用"等相关课程及"注塑模具模流分析及工艺调试"职业技能等级证书的配套教材。本书以实际工程应用案例为载体，以工作过程为主线，讲解 Moldflow 模流分析软件的基本操作以及在工程中的实践与应用。

本书分为入门篇与实战篇，入门篇中以创建车内放置水杯的杯座为载体，设置了 2 个项目，包含 13 个任务，讲述了模流分析前的准备工作、模流分析的过程与对模流分析结果的解释；实战篇中以智能电表外壳和螺纹管接头等产品为载体，设置了 5 个项目，包含 22 个任务，讲述了模流分析软件在注射模开发和解决注射成型缺陷中的实际应用。

本书为高等职业院校模具设计与制造及机械类相关专业教学用书，也可供模具设计、模具开发及产品设计等专业技术人员参考。

本书配套电子课件，凡选用本书作为教材的教师可登录机械工业出版社教育服务网（http://www.cmpedu.com），注册后免费下载。咨询电话：010-88379375。

图书在版编目（CIP）数据

Moldflow 模流分析入门与实战/陈叶娣主编. —北京：机械工业出版社，2020.10（2024.2 重印）

高等职业教育机械类专业系列教材

ISBN 978-7-111-66541-0

Ⅰ.①M⋯　Ⅱ.①陈⋯　Ⅲ.①注塑-塑料模具-计算机辅助设计-应用软件-高等职业教育-教材　Ⅳ.①TQ320.66-39

中国版本图书馆 CIP 数据核字（2020）第 176386 号

机械工业出版社（北京市百万庄大街 22 号　邮政编码 100037）
策划编辑：王海峰　于奇慧　责任编辑：于奇慧
责任校对：王　欣　　　　封面设计：马精明
责任印制：单爱军
北京虎彩文化传播有限公司印刷
2024 年 2 月第 1 版第 5 次印刷
184mm×260mm・11.5 印张・278 千字
标准书号：ISBN 978-7-111-66541-0
定价：38.00 元

电话服务　　　　　　　　　　　　网络服务
客服电话：010-88361066　　　机　工　官　网：www.cmpbook.com
　　　　　010-88379833　　　机　工　官　博：weibo.com/cmp1952
　　　　　010-68326294　　　金　书　网：www.golden-book.com
封底无防伪标均为盗版　　　机工教育服务网：www.cmpedu.com

前　言

　　近年来，随着模具技术的数字化、智能化、精密化与国际化的发展，CAE 技术得到了广泛的推广与应用。Moldflow 软件为一款专用于注射模设计和产品成型工艺分析的 CAE 技术软件。应用 Moldflow 软件可以优化产品的成型工艺、预判成型缺陷、优化模具设计方案与产品结构，并能够指导模具开发，从而有效控制产品的成型质量，缩短模具的生产周期，降低生产成本，提高生产率。

　　本书为"注塑成型 CAE 技术及应用"等相关课程及"注塑模具模流分析及工艺调试"职业技能等级证书的配套教材。本书基于学习者的认知特点，采用企业真实项目为载体，以工作过程为主线，讲解 Moldflow 模流分析软件的基本操作及其在工程中的实践与应用，分为入门篇与实战篇两部分。

　　本书基于产教融合、校企合作的理念，与海尔数字科技（南京）有限公司、常州瑞优机械制造有限公司等企业合作编写而成。本书以成果为导向，采用项目驱动、任务引领的编写形式，入门篇采用车内放置水杯的杯座为载体，设置 2 个项目共 13 个任务，讲述模流分析前的准备、模流分析的过程与模流分析结果的解释；实战篇以智能电表外壳、螺纹管接头等产品为载体，设置 5 个项目共 22 个任务，讲述模流分析软件在注射模开发、解决注射成型缺陷中的实际应用。

　　本书由陈叶娣任主编，钱子龙任副主编。具体编写分工为：项目 1、项目 2、项目 3 和项目 4 由陈叶娣编写，项目 5 由钱子龙编写，项目 6 由严小锋编写，项目 7 由牛怀宇编写。陈叶娣负责统稿，张金标教授任主审。

　　本书配套丰富的数字化资源，其中包含 52 个微课，38 个动画，扫描书中的二维码即可观看。同时，在云课堂-智慧职教平台建有与本书配套的在线课程，能实现在线学习、测试与技术交流等，为读者线上自主学习提供便利条件。

云课堂-智慧职教

　　本书为高等职业院校模具设计与制造专业教材，也可供模具设计、模具开发、产品设计及相关技术人员参考。

　　由于编者水平有限，书中难免有疏漏和错误之处，恳请广大读者批评指正。

编　者

目　录

前言

第2部分 实 战 篇

V

第1部分　入　门　篇

项目 1　　模流分析准备

【任务导入】

　　图 1-0-1 所示的杯座为某品牌汽车内饰件，材料为 ABS，模具寿命为 2 万件，杯座由 12 个卡扣、6 个安装孔、3 个定位加强筋等结构组成。杯座的外形尺寸为 212mm×134mm×39mm，表面为圆弧面，半径为 815mm，壁厚不均匀，最大壁厚处为安装孔壁，厚度为 6mm，最小壁厚处为内圈凸缘，厚度为 1mm。为增强产品的强度和刚度，避免产品翘曲变形，安装孔采用加强筋加固；为准确定位杯座，共设有 3 处定位加强筋，其结构形状如图 1-0-2 所示，加强筋壁厚为 1.5mm。为了满足使用性能、经济性能及安装的要求，采用 ABS 塑料注射成型，要求表面无缩水和熔接痕等成型缺陷。除产品表面不能有缺陷外，还需具有一定的强度，能满足安装要求。现应用 Moldflow 软件分析产品成型的浇口位置等，为模具的浇口设计提供指导意见。

　　本项目为模流分析前的准备工作，具体任务如下：

1）认识 Moldflow 模流分析软件。
2）导入模型。
3）网格创建与诊断修复。
4）选择材料。
5）创建浇注系统。
6）设置注射位置。
7）创建冷却系统。

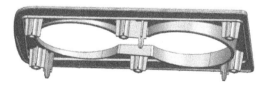

图 1-0-1　杯座

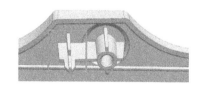

图 1-0-2　定位加强筋

任务 1　认识 Moldflow 模流分析软件

扫一扫微课

1.1.1　Moldflow 模流分析的应用

　　注射成型是指将塑料熔融后，利用旋转的螺杆将塑料熔体通过注射机

（注塑机）喷嘴注入模具的浇注系统和型腔，经过一段时间的保压和冷却后，打开模具，由推出机构将凝固到一定硬度的制件和浇注系统凝料从模具中推出，如图1-1-1所示。注射成型过程极其复杂，涉及的知识领域很广，包括高分子材料学、塑料熔体流变学和摩擦学等。

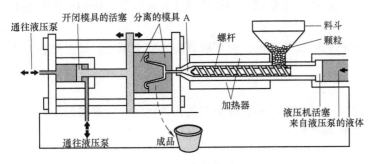

图1-1-1　注射成型　　　　　　　　　　　　　扫一扫动画

在注射成型过程中，塑料熔体在型腔中的状态很难控制，在模具内部将受到内部和外部诸多因素的影响，如模具结构设计不合理、成型参数设置不当时，经常会产生各种各样的成型缺陷，如充填不足、飞边、气泡、熔接痕和翘曲变形等。如图1-1-2所示，梳子在成型过程中出现了充填不足、飞边和气泡，影响制件的质量和外观。传统的塑件生产企业，主要依靠工程人员的设计经验和反复修模、试模的方法保证塑件的质量，导致塑件的整个生产周期长，模具开发成本高。缩短塑件的成型生产周期和减少塑件的成型缺陷是企业迫切需要解决的技术难题。

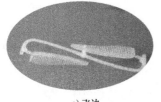

a) 飞边　　　　　　　　　b) 充填不足　　　　　　　　c) 气泡

图1-1-2　梳子的成型缺陷

随着计算机技术的快速发展，CAE技术也发展得越来越成熟，而Moldflow软件就是一款专用于注射模设计和产品成型工艺分析的CAE技术软件。模具工程技术人员将模具设计技术与计算机数值模拟技术相结合，在模具的初步设计完成后和制造开始之前，运用Moldflow软件模拟塑料熔体在型腔中的流动过程，可预测和分析塑件在实际注射成型时的填充、冷却和翘曲等情况。根据分析结果，结合客户对塑件质量的要求，修改模具设计，优化工艺成型参数和塑件结构，可以大大减少模具的返修、改模和重新上机试模的次数，缩短模具的研发时间，减少模具研发成本，获得优良的成型质量，降低成型废品率，从而有效解决企业的技术难题。

1.1.2　Moldflow模流分析常用的模块

Moldflow软件可以模拟整个注射成型过程及这一过程对成型产品的影响。

扫一扫微课

Moldflow 软件中整合了设计原理,可以评价和优化组合整个注射成型过程,可以在制造模具之前对塑料制件的设计、生产和质量进行优化。

Moldflow 是高级的成型分析软件,用于注射成型的深入分析和优化,是应用较广泛的模流分析软件。企业通过 Moldflow 这一有效的优化设计与制造软件,可将优化设计贯穿于设计与制造的全过程,彻底改变传统的依靠经验试模的设计模式。该软件常用的分析模块如下:

1. 填充分析

填充分析着眼于注射成型周期的填充阶段,直到模具型腔完全填充。填充分析是大多数分析序列的基础。

2. 成型窗口分析

成型窗口分析帮助定义能够生产合格产品的成型工艺条件范围。如果成型工艺条件在这个范围内,就可以生产出高质量的产品。

3. 浇口位置分析

浇口位置分析可自动分析出最佳的浇口位置。如果模具需要设置多个浇口,可以对模具进行多个浇口位置分析。当模具已经存在一个或者多个浇口,在浇口位置分析时,系统会自动分析出附加浇口的最佳位置。

4. 保压分析

保压分析贯穿整个成型周期。运行保压分析的主要原因是查看材料如何收缩。

5. BEM 冷却分析

BEM 冷却分析将计算平稳状态或整个成型周期内的平均温度。运行 BEM 冷却分析的主要原因是评估和优化模具的冷却系统。若要运行 BEM 冷却分析,必须创建零件和冷却管道的模型与模具边界。

6. FEM 冷却分析

FEM 冷却分析将同时计算周期平均温度和瞬态模具温度。运行此冷却分析的主要原因是评估和优化模具的冷却系统,并提供模具温度分布,以供填充、保压和翘曲分析使用。若要运行 FEM 冷却分析,必须为零件、冷却管道和模具镶块建模。

7. 翘曲分析

翘曲分析可以预测整个塑件的翘曲变形,同时还可以指出产生翘曲的主要原因及相应的改进措施。例如:可以预测由于成型工艺引起的应力集中而导致的塑料产品的收缩和翘曲,以及由于压力分布不均匀而导致的模具型芯偏移;可以明确翘曲原因,并查看翘曲变形将会发生的区域及翘曲变形的趋势;可以优化设计、材料选择和工艺参数,以便在模具制造之前控制塑件变形。

8. 流道平衡分析

流道平衡分析可以帮助判断流道是否平衡,并给出平衡方案。对于采用一模多腔或者组合型的模具来说,熔体在浇注系统中流动的平衡是十分重要的。如果塑料熔体能够同时到达并充满模具的各个型腔,则称此浇注系统是平衡的。平衡的浇注系统不仅可以保证良好的产品质量,而且可以保证不同型腔内产品质量的一致性。它可以保证各型腔的充填时间一致,并保持一个合理的型腔压力和优化流道的容积,以节省充模材料。

1.1.3　Moldflow 模流分析用户界面

扫一扫微课

　　若要与软件进行交互，可以在用户界面顶部的功能区中找到相关的命令，单击"查看"→"用户界面"按钮，如图 1-1-3 所示，可以对用户界面进行设置。用户界面主要由"层"窗口、"方案任务"窗口、"工程视图"窗口、功能区、"模型"窗口、"注释"窗口、"日志"窗口 7 个部分组成，如图 1-1-4 所示。

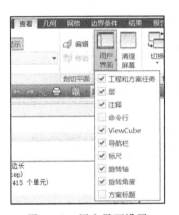

图 1-1-3　用户界面设置

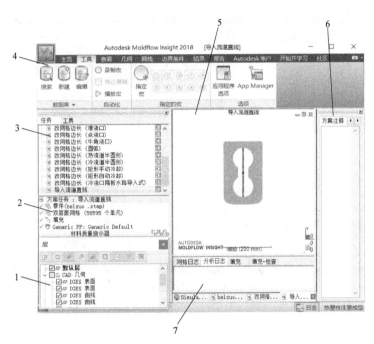

图 1-1-4　用户界面

1. "层"窗口

　　层是一个组织工具，用于隔离模型的零部件。层可以帮助提高模型可视化、处理和编辑的效率。"层"窗口位于用户界面的左下方。"层"窗口可用于添加、删除、修改、激活与模型相关联的层。每个层可以单独显示，也可以与其他层一起显示。

2. "方案任务"窗口

　　"方案任务"窗口位于"任务"选项卡的下半部分，包含激活方案的相关详细信息。在"方案任务"窗口中的任意项目上单击鼠标右键，将激活右键快捷菜单，其中包含的内容取决于用户单击的项目。

3. "工程视图"窗口

　　"工程视图"窗口显示正在进行分析的模型的相关信息。它位于"任务"选项卡的上半部分。工程中的所有方案均在此部分列出，并具有指示网格类型和与该方案关联的分析序列的图标。在"工程视图"窗口中的任意方案上或者工程上单击鼠标右键，将显示可访问多个工具的右键快捷菜单，包括该工程或方案的属性，用户可以对各个方案进行重命名、复制和删除等操作。

4. 功能区

所有命令均位于窗口顶部的命令选项卡中，用户激活不同的选项卡，会显示不同的命令。命令按逻辑面板组织在一起，许多面板都可展开，以显示更多命令。例如：与零件建模相关的所有命令在"几何"选项卡中；而与分析结果相关的所有命令则在"结果"选项卡中。

（1）"主页"选项卡　单击"主页"选项卡，显示图 1-1-5 所示的功能命令，左上角图标按钮（图 1-1-5a）可单击 4 次，分别显示完整的命令工具栏（图 1-1-5a）、最小化为面板按钮（图 1-1-5b）、最小化为面板标签（图 1-1-5c）和最小化为选项卡标签（图 1-1-5d）。

a) 显示完整的命令工具栏

b) 最小化为面板按钮

c) 最小化为面板标签

d) 最小化为选项卡标签

图 1-1-5　"主页"菜单功能

（2）"工具"选项卡　单击"工具"选项卡，显示图 1-1-6 所示的功能命令。

图 1-1-6　"工具"选项卡

（3）"查看"选项卡　单击"查看"选项卡，显示图 1-1-7 所示的功能命令。单击"清理屏幕"命令按钮，将在仅显示"模型"窗口和显示所有活动窗口之间切换，使用此命令可获取更大的模型视图。

图 1-1-7　"查看"选项卡

（4）"几何"选项卡　单击"几何"选项卡，显示图 1-1-8 所示的功能命令。进行模流分析的模型可以在 CAD 软件中创建后再导入，也可以直接在模流分析软件中创建。利用"几何"选项卡中的命令可以很方便地在模型显示窗口中创建点、线、面等基本元素，从而构造出复杂的 CAD 模型。通常需要手动创建浇注系统和冷却系统。"几何"选项卡中的创建命令有"节点""曲线""区域"与"镶件"等。

图 1-1-8　"几何"选项卡

（5）"网格"选项卡　单击"网格"选项卡，显示图 1-1-9 所示的功能命令。CAD 模型具有高质量的网格，是模流分析软件进行准确分析的前提。因此，网格的划分和处理在模流分析的前处理中占有重要的地位。对导入或创建的模型划分网格，是模流分析非常重要的步骤，并且网格划分的好坏对分析结果的准确性有很大的影响。

在"网格"选项卡中可以进行生成网格、诊断各种网格缺陷、修复网格和创建柱体单元等操作，与其相关的绝大部分命令按钮存在于对应的面板中，其中包括"生成网格""网格修复向导"与"网格统计"等命令。

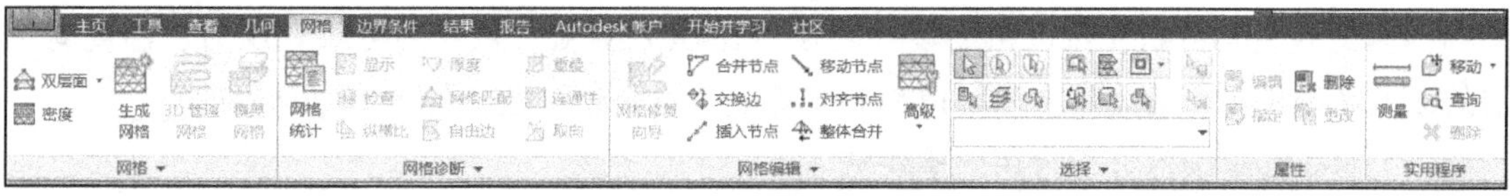

图 1-1-9　"网格"选项卡

（6）"结果"选项卡　单击"结果"选项卡，显示图 1-1-10 所示的功能命令。分析结束后，可以通过"结果"选项卡中的相关命令对分析结果进行查询与处理，以得到个性化的分析结果。

图 1-1-10　"结果"选项卡

（7）"报告"选项卡　单击"报告"选项卡，显示图 1-1-11 所示的功能命令。在完成了对分析结果的查询及个性化处理之后，可以通过"报告"选项卡中的命令自动生成图文

图 1-1-11　"报告"选项卡

并茂的分析结果报告。

5. "模型"窗口

"模型"窗口是用户界面中最大的部分。"模型"窗口的底部有几个选项卡,每个选项卡都显示此工程会话中打开的不同方案。激活方案的选项卡位于前面。

6. "注释"窗口

"注释"窗口显示 Moldflow 结果文件创建者写入的文本注释。

7. "日志"窗口

运行分析后,"日志"窗口将显示在"模型"窗口的底部,可以随时通过在"方案任务"窗口中勾选"日志"选项来隐藏或显示"日志"窗口。

1.1.4 任务训练

1. 填空题

(1) 对于注射成型来说,最重要的是控制_____方式,以使塑件的成型过程可靠、经济。

(2) 单向填充形式有助于避免因不同的分子取向所导致的_____。

(3) 为了对充填方式进行控制,模具设计者必须能够选择合理的_____位置和数量。

(4) 通过流动分析,可以帮助设计者设计出压力平衡、温度平衡或者压力、温度均平衡的流道系统,还可对流道内剪切速率和摩擦热进行评估,这样便可避免材料的_____。

(5) Moldflow 模流分析常用的模块有_____。

(6) _____可以帮助提高模型可视化、处理和编辑的效率。

(7) Moldflow 模流分析能解决的制件设计的问题是_____。

(8) 模流分析的模型可以在_____中创建后再导入,也可以直接在_____中创建。

2. 操作题

打开 Moldflow 软件,打开素材包中的操作题 1,分别以杯座和仪表盒为例,如图 1-1-12 所示,熟悉 Moldflow 中的功能命令及用户界面。

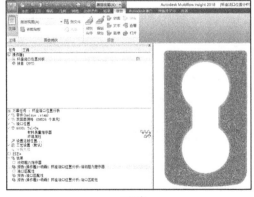

a) 杯座

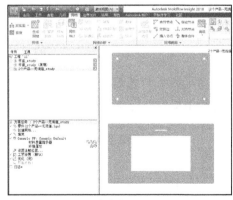

b) 仪表盒

图 1-1-12　练习模型

任务2　导入模型

使用 Moldflow 软件对一个模型进行分析，要将零件的模型导入到软件中，此模型保存在工程中。一项工程可存储多个方案。每个方案都需要一个原始导入的模型，并且可以使用不同的功能组合（如注射位置、工艺参数、流道/冷却配置、材料、分析序列等）对其进行分析。方案的分析结果存储在与该方案分开的单独的文件中，但与该方案可以进行链接。

单击"文件"→"将方案另存为"命令，可随时生成新的方案。由于需要对文件进行管理，大多数用户会为分析的产品创建一个新工程。下面将创建新工程，并将方案导入其中。

1.2.1　工程操作

1. 创建新工程

双击程序图标 ，打开 Moldflow 模流分析软件，单击"新建工程"按钮，如图 1-2-1 所示，将会显示"创建新工程"对话框，如图 1-2-2 所示，设置"创建位置"。

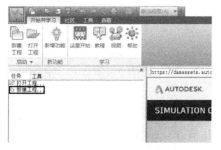

图 1-2-1　打开模流分析软件

图 1-2-2　创建新工程

在"工程名称"文本框中输入"杯座"。注意："创建位置"文本框中为该工程的存储路径，并且包括输入的新工程名称。Moldflow 为该新工程创建了名为"杯座"的子目录，如图 1-2-3 所示。单击"确定"按钮，会在 Moldflow 中创建并打开名为"杯座"的新工程。选择"工程视图"窗口上方的"任务"选项卡，这时，刚刚创建的"杯座"工程会在"工程视图"窗口中列出，如图 1-2-4 所示。

图 1-2-3　输入工程名称

图 1-2-4　打开"杯座"新工程

2. 打开现有工程

打开 Moldflow 模流分析软件后，单击图标按钮 ，单击"打开"→"工程"命令，浏览工程所在的文件夹，单击"杯座"工程文件，将其选中，再单击"打开"按钮。

3. 更改默认工程目录的步骤

Moldflow 中工程文件的默认存储位置是在安装软件时进行定义的，但可以随时通过"选项"命令进行更改。单击图标，如图 1-2-5 所示，再单击"选项"按钮，在弹出的"选项"对话框中选择"目录"选项卡，如图 1-2-6 所示。如果不想在"工程目录"文本框显示的位置创建工程，可以单击"浏览"图标按钮，选择存储路径，在设定的位置创建工程。

图 1-2-5 单击"选项"按钮

图 1-2-6 更改工程目录

4. 关闭工程

工程是设计特定零件的所有预处理和后处理任务的存储区域。每次只能打开一个工程。有时可能需要关闭某一工程，再打开另一个工程，以处理其他零件设计；也可以通过打开一个新工程来自动关闭某个工程。单击主页面上的图标按钮，然后单击"关闭"→"工程"命令，将关闭整个工程，包括所有方案。

5. 工程文件存档与删除

在分析过程中，工程文件夹中的所有文件和子文件夹需要传输到临时文件夹中进行存档，因此在分析前，要确保有足够的存储空间。

选择"主页"选项卡，单击"作业管理器"按钮，打开图 1-2-7 所示的对话框；单击设置选项中的"首选项"命令，打开图 1-2-8 所示的对话框；选择"文件传输"选项卡，单击"浏览"图标按钮，选择所需文件夹，分析完成后，可删除原始工程文件夹，以恢复存储空间。

图 1-2-7 "Simulation Job Manager"对话框

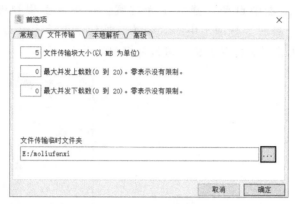

图 1-2-8 "首选项"对话框

1.2.2 导入方案

单击"主页"选项卡中的"导入"按钮,如图 1-2-9 所示;在弹出的对话框中打开"文件类型"下拉列表,选择"＊.stp"或"＊.igs"格式的文件类型,通过查找存储路径选择文件"杯座模型.stp",单击"打开"按钮,打开"导入"对话框,如图 1-2-10 所示。针对不同的产品结构,网格类型有 3 种,分别是"中性面""双层面"与"实体(3D)"。

扫一扫微课

图 1-2-9 导入模型

图 1-2-10 网格类型

1. 中性面网格

中性面网格由有 3 个节点的三角形单元组成,它们通过其中心或中性面形成了表示零件形状的一维图形,如图 1-2-11 所示,网格单元所对应的厚度属性表示零件的厚度。"中性面"网格的特点是处理难、网格数量少、分析速度快。它不能反映产品的几何外形,主要用于薄且平整的产品或是简单外形的大型产品和气辅成型分析。

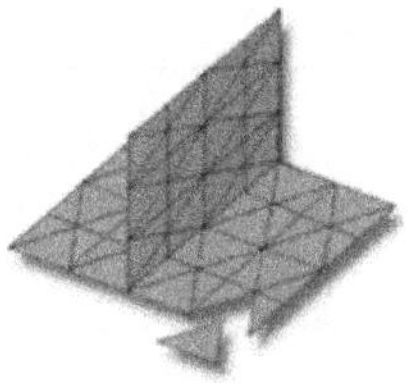

图 1-2-11 中性面网格

2. 双层面网格

双层面网格的分析时间比中性面网格长,但比实体网格短,能反映产品的几何外形,只是不能反映其内部形态,适合于一般的壳类产品,是最常用的一种网格,如图 1-2-12 所示。

3. 实体网格

实体网格能反映产品的几何外形和内部形态,但分析时间最长,适合精度要求高、矮胖型的非壳类产品,如图 1-2-13 所示。

杯座属于一般的壳类产品,因此网格类型选择"双层面"。单击"确定"按钮,读取模型，同时在"杯座"工程中自动创建一个新方案，并在"工程视图"窗口中显示，如图 1-2-14 所示。单击"查看"选项卡中的"缩放"按钮，再单击模型显示窗口中的任意位置，并垂直向屏幕上方或下方拖动光标，可调整模型的大小。

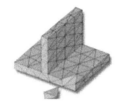

图 1-2-12　双层面网格　　图 1-2-13　实体网格　　图 1-2-14　创建"杯座"方案

1.2.3　功能面板基本操作与设置

扫一扫微课

1."选项"操作与设置

单击主页面上的图标，再单击下拉菜单中的"选项"命令，打开"选项"对话框，如图 1-2-15 所示。"选项"对话框中有"背景与颜色""语言和帮助系统""互联网""报告""常规""目录""鼠标""结果""外部应用程序""默认显示"和"查看器"11 个选项卡。

（1）"背景与颜色"选项卡　打开"背景与颜色"选项卡，如图 1-2-16 所示，单击"选择"按钮，打开"颜色"面板，可以对背景与颜色进行重新设置，以满足个性化需求。

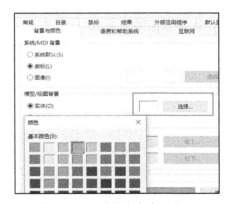

图 1-2-15　"选项"对话框　　　　图 1-2-16　"背景与颜色"设置

（2）"鼠标"选项卡　打开"鼠标"选项卡，如图 1-2-17 所示，鼠标的右键可以设置成对模型进行"平移""旋转 Z""旋转""局部放大""动态缩放"5 种快捷操作；鼠标的中键除具有右键的操作功能外，还能对模型进行"居中""全屏"等操作；鼠标的滚轮可以对模型进行"动态缩放"，X、Y 方向的平移，X、Y、Z 方向的旋转。鼠标的右键、中键还能分别与<Alt>、<Ctrl>、<Shift>3个键配合使用，进行以上操作；鼠标滚轮能与<Ctrl>、<Shift>两个键配合使用，进行以上操作。

（3）"报告"选项卡 打开"报告"选项卡，如图1-2-18所示，可以对"默认报告格式""默认图像尺寸"和"动画设置"进行设置。

（4）"语言和帮助系统"选项卡 打开"语言和帮助系统"选项卡，可以对用户界面的语言及显示工具提示的时间进行设置，其中语言有英语与简体中文两种，如图1-2-19所示。

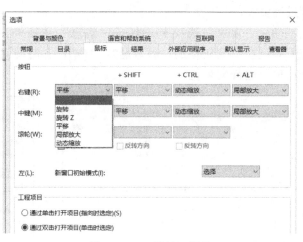

图 1-2-17 "鼠标"设置

图 1-2-18 "报告"设置

图 1-2-19 "语言和帮助系统"设置

（5）"目录"选项卡 打开"目录"选项卡，如图1-2-20所示，可对工程目录的默认存储位置进行设置。

（6）"默认显示"选项卡 打开"默认显示"选项卡，如图1-2-21所示，可对模型网格的"三角形单元""柱体单元"和"节点"等显示形式进行设置。

图 1-2-20 "目录"设置

图 1-2-21 "默认显示"设置

（7）"结果"选项卡 打开"结果"选项卡，如图1-2-22所示，可以对模流分析的"默认结果"进行添加、删除与排序操作，还可以对"重复的方案"和"结果显示字体"

等进行设置。

（8）"常规"选项卡　打开"常规"选项卡，如图1-2-23所示，可以对测量系统的"激活单位""要记住的材料数量""自动保存时间间隔""栅格尺寸""平面大小"和"分析选项"进行设置。

图1-2-22　"结果"设置

图1-2-23　"常规"设置

扫一扫微课

2. "用户界面"操作与设置

单击"查看"选项卡中的"用户界面"按钮，如图1-2-24所示，在弹出的下拉菜单中勾选各选项，可将相应的功能界面显示在操作窗口内，便于用户操作。

（1）"工程和方案任务"　如图1-2-25所示，在运行分析之前，必须创建要在其中存储数据的"工程"。将分析数据存储到"工程"中，在每个"工程"中，将不同的分析数据存储到"方案任务"中。方案是基于一组固定输入数据类型（如材料、注射位置、工艺设置）的分析或分析序列。创建的每个方案均显示在"工程视图"窗口中。"方案任务"窗口中显示有关分析模型的信息。例如："bz"是"jiao chai"工程中的一个方案任务，可以对这个任务进行创建网格、填充、材料设置、注射位置设置、工艺设置与分析等操作。

（2）"ViewCube"操作与设置　"ViewCube"工具是一个能够持久保留，既可单击又可拖放的界面，用于在模型的标准视图和等轴测视图之间进行切换。勾选"ViewCube"后，会在模型显示窗口右上角显示ViewCube工具，如图1-2-26所示。在ViewCube工具上单击鼠标右键，在右键菜单中单击"选项"命令，将打开图1-2-27所示对话框。

1）选项"屏幕位置"控制ViewCube工具在模型显示窗口中的放置位置。通过在其下拉列表中选择"右上""右下""左上"或"左下"，可以将ViewCube工具设置在模型窗口中的任一角。根据其所占据的位置，系统会自动重新定位其他控件（主视图按钮、弯箭头）。默认设置为"右上"。

图 1-2-24　"用户界面"下拉菜单

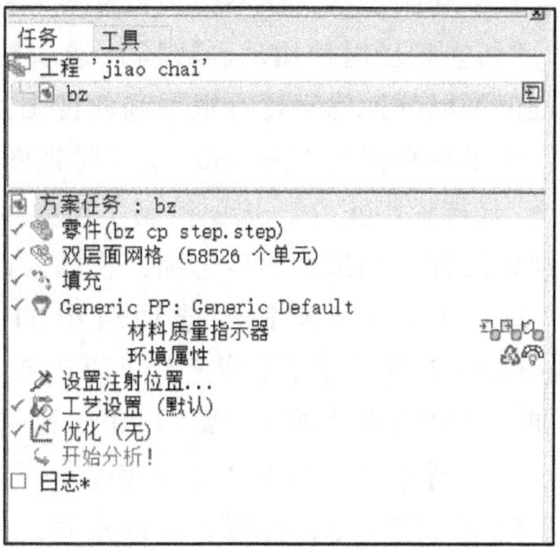

图 1-2-25　"工程视图"和"方案任务"窗口

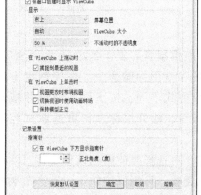

图 1-2-26　ViewCube 工具

图 1-2-27　"ViewCube 选项"对话框

2）选项"ViewCube 大小"控制 ViewCube 工具的大小。设置选项有"自动""极小""小""中"和"大"。显示多个视图时，设置"小"很有用；默认设置为"自动"。调整视图的大小时，ViewCube 工具不会更改大小。

3）选项"不活动时的不透明度"控制光标不在 ViewCube 工具附近时 ViewCube 工具和其他控件的不透明度级别。设置选项有"0%""25%""50%""75%"和"100%"。如果设置为"0%"，则将光标移离 ViewCube 时，它将消失。如果设定为"100%"，则不管光标在什么位置，都会显示 ViewCube。默认设置为"50%"。

4）勾选"在 ViewCube 上拖动时"选项组中的"捕捉到最近的视图"时，在 ViewCube 工具上单击然后拖动其到某个固定视图附近时，系统会自动显示该视图的观察角度。默认设置为勾选。

5）"在 ViewCube 上单击时"选项组控制在 ViewCube 工具上单击时视图更改时的方式。勾选"视图更改时布满视图"选项时，每当模型视图更改时，该视图会自动重新被框显，以适配新视图内的 3D 模型的内容，该选项为默认设置。如果禁用该选项，则视图会更改，并会发生动画过渡，而不会被自动重新框显。

"切换视图时使用动画转场"选项控制每当视图更改时是否发生动画过渡。动画过渡从视觉上可以帮助确定现有视图和新视图之间的关系。该选项为默认设置。如果 3D 模型很复杂，为了提高使用 ViewCube 工具时视图更改的速度，可以取消勾选该选项。

"保持模型正立"选项控制每当模型视图更改时该视图是否自动保持正立位置。该选项为默认设置。如果禁用该选项，视图更改时将不会默认保持正立位置。

6）勾选"指南针"选项组中的"在 ViewCube 下方显示指南针"选项时，会在 ViewCube 工具下方显示指南针，以确定视图的方向。"正北角度"用于指定指南针的方向。例如：要将指南针顺时针旋转 90°，则可将"正北角度"设置为 90°。

（3）导航栏　导航栏位于模型显示窗口中，通过它可以访问统一的导航命令或某一产品特定的导航命令，如图 1-2-28 所示。

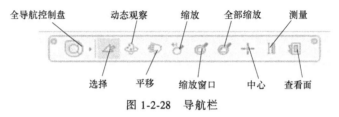

图 1-2-28　导航栏

1）全导航控制盘。图 1-2-29 所示为全导航控制盘，用于访问常规和专用导航命令。在控制盘上选择命令与其他选择命令方式不同，按下鼠标左键并拖动光标至所需导航命令即可，松开鼠标左键可返回到控制盘并切换导航命令。

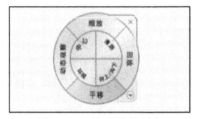

图 1-2-29　全导航控制盘

2）选择。可选择要使用的模型实体。

3）动态观察。可围绕旋转中心动态旋转模型，可使用"中心"命令更改旋转中心。

4）平移。可在模型显示窗口中移动模型。在模型显示窗口中单击并拖动光标，可将关注点定位在显示画面中间，单击鼠标右键能手动旋转模型。

5）缩放。可进行动态缩放，向下拖动光标以增加视图比例（缩小），向上拖动光标以减少视图比例（放大）。

6）缩放窗口。可选择要充填模型的窗口区域。

7）全部缩放。可在模型显示窗口中显示模型的所有可见部分。

8）中心。可将模型居中，并设置模型的旋转中心。在模型上的任意位置单击鼠标左键，可将该点平移到模型显示窗口的中心，该点也变为旋转中心。

9）测量。用于测量模型上的距离。单击该按钮后打开图 1-2-30 所示对话框，分别选择模型上测量距离的起点与终点即可显示距离。

图 1-2-30　测量距离

10）查看面。可定位平行于屏幕的所选实体面，使选择内容居中。

ViewCube 与导航栏中的命令也可通过"查看"选项卡中的"浏览"面板调用，如图 1-2-31 所示。

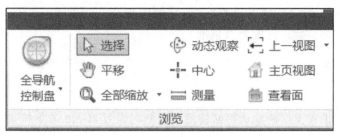

图 1-2-31　"浏览"面板

3. "外观"设置

在主页的功能区任何位置单击鼠标右键，打开右键菜单，可以对外观、显示面板、固定位置、锁定方案选项卡状态、显示自定义的功能区与自定义功能区进行设置，如图 1-2-32 所示。

"外观"的下拉菜单如图 1-2-33 所示，有"正常""关闭文本""小""压缩""重设"5 种界面显示命令，默认设置为"正常"。

图 1-2-32　功能区

图 1-2-33　"外观"的下拉菜单

4. "显示面板"设置

"显示面板"的下拉菜单如图 1-2-34 所示，可对"导入""创建""成型工艺设置""分析""结果""报告"功能面板显示进行设置，默认均为显示。如果取消勾选，则在主页面上不会显示该功能面板。例如：如图 1-2-35 所示，取消勾选"成型工艺设置"，则只显示"导入""创建""分析""结果"和"报告"5 个功能面板。

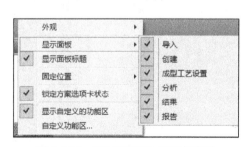

图 1-2-34　"显示面板"的下拉菜单

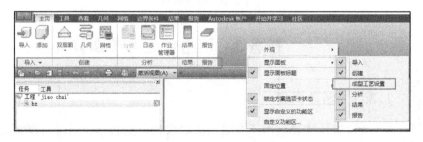

图 1-2-35　取消勾选"成型工艺设置"

5."固定位置"设置

"固定位置"的下拉菜单如图1-2-36所示，可对功能面板的位置进行固定，有固定在主页的顶部、左、右与浮动4种。例如：勾选"右"，则功能面板显示在主页面的右边，默认设置为"顶部"。

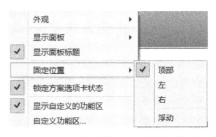

图1-2-36 "固定位置"的下拉菜单

1.2.4 任务训练

1.填空题

（1）Moldflow工程文件的默认存储位置可以随时通过Moldflow下拉菜单中的_____命令进行更改。

（2）网格类型有3种，分别是_____、_____、_____。

（3）中性面网格的特点是_____、_____、_____、_____。

（4）_____网格适合一般的壳类产品，是最常用的一种网格。

（5）_____能反映产品几何外形和内部形态，但分析时间最长，适合精度要求高、矮胖型的非壳类产品。

（6）_____工具是一个能够持久保留，既可单击又可拖放的界面，用于在模型的标准视图和等轴测视图之间进行切换。

（7）导入Moldflow的文件格式是_____或_____。

（8）背景与颜色通过_____进行设置。

2.操作题

打开Moldflow软件，导入素材包中操作题2的模型，如图1-2-37所示，分别练习创建杯座和仪表盒的新工程、导入方案与功能面板的操作。

a) 杯座

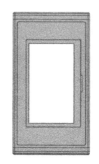

b) 仪表盒

图1-2-37 练习模型

任务3 网格创建与诊断修复

扫一扫微课

1.3.1 创建网格

Moldflow主要使用了有限元法的数值仿真技术，通过对模型划分有限元网格分析成型情况，因此网格质量决定了Moldflow模拟分析结果的准确性。

对导入的杯座模型创建网格，如图 1-3-1 所示，单击"生成网格"按钮或者双击"方案任务"窗口中的"创建网格"，生成网格。在"层"窗口中，选择要对其划分网格的模型区域，则只对"层"窗口中可见的模型层进行网格划分。如图 1-3-2 所示，单击"立即划分网格"按钮，对模型划分网格。

图 1-3-1　创建网格

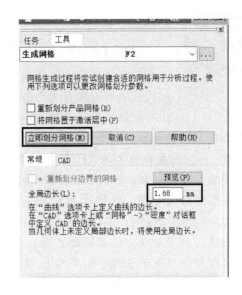

图 1-3-2　"立即划分网格"按钮

设置"生成网格"的选项如下：

1. 重新划分产品网格

即对需重新划分网格的元素执行再次划分网格。对已经划分网格的对象再次进行网格划分时，必须勾选此选项，系统才会受理，否则系统不予划分，同时出现错误日志。

2. 将网格置于激活层中

即将划分后的网格放入激活层。勾选此选项后，划分的网格将不按属性归入层，而是全部归入当前激活层中，容易产生错乱。因此一般情况下不勾选此选项。

3. 立即划分网格

即执行网格划分的命令。在设置完网格划分参数后单击此按钮，开始划分网格。

4. 全局边长

系统会根据模型的全局尺寸和细微特征处的尺寸给出默认网格的边长。确定网格边长的标准能够保证分析的精度和完整体现模型的细微特征。通常网格的边长为产品最小厚度的 1.5 倍或比 1.5 倍稍大，以保证分析的精度。系统会在模型的细微特征处自动加密网格，从而保证整体分析的精度。用户可以根据产品的大小手动输入适宜的值或根据系统给出的默认值先划分出网格，再根据网格的质量和数目重新划分。当网格的边长比较大时，网格的数目相对较少，分析占用的时间比较短。但边长过大时，对于复杂、薄壁的产品，某些细节特征体现得不是特别好，在分析的过程中有些结果可能体现不出来或与实际有些出入；当网格的边长比较小时，网格的数目相对较多，分析所用的时间比较长，但模型上的细微特征体现得很好，可以提高分析结果的精度，并得到更多的细节上的信息。有时使用小一些的网格边长是提高网格匹配率的有效途径。

　　杯座默认的"全局边长"的初始值为1.68mm。如果此边长过长，则将边长减小到初始值的1/3～1/2，或者将"全局边长"设置为大约2倍于实体网格的名义壁厚，或2～5倍于双层面网格的名义壁厚，默认值在合理范围内。

扫一扫微课

1.3.2　网格统计

　　网格划分完毕，网格模型如图1-3-3所示，网格数目为58526个。建议先查看全局网格大小的均匀性（未设定网格大小自适应功能），查看模型细微特征处的轮廓有无产生严重畸形或丢失，模型的边缘有无畸形等。网格初步划分质量可以通过"网格统计"命令进行查询，查看网格的匹配百分比可能存在的缺陷和问题，如图1-3-4所示。杯座的网格统计结果见表1-3-1，网格匹配百分比为89.8%。网格匹配百分比的大小跟全局边长有关，并且和模型原曲面形状也有很大关系，如果模型表面变化很大、形状复杂且细面过多，那么网格匹配百分比一般都很低，而且很难提高；一些细微的特征，往往会导致划分出来的网格匹配百分比较低，可以在CAD Doctor（项目3中介绍其应用）中将模型细微特征移除。一般情况下，进行填充和保压分析时，匹配百分比应大于85%；如果匹配百分比低于85%但高于50%，分析过程将出现警告提示；如果匹配百分比低于50%，分析将因错误而终止。进行翘曲分析，使用未填充的材料时，建议的最小匹配百分比是70%；使用填充有纤维的材料时，建议的最小匹配百分比是80%。由此可见，杯座的网格匹配百分比满足Moldflow分析要求。

图1-3-3　网格模型

图1-3-4　"网格统计"按钮

表1-3-1　杯座的网格统计结果

统计项目	具体内容	数量	统计项目	具体内容	数量
实体计数	三角形	58526	面积（不包括模具镶块和冷却管道）	表面面积	560.956cm²
	已连接的节点	29263	按单元类型统计的体积	三角形	67.2236cm³
	连通区域	1	纵横比	最大	29.01
	不可见三角形	0		平均	1.86
边细节	自由边	0		最小	1.16
	共用边	87789	取向细节	取向不正确的单元	0
	多重边	0	交叉点细节	相交单元	0
匹配百分比	匹配百分比	89.8%		完全重叠单元	0
	相互百分比	89.3%			

1.3.3　网格优化

如果网格匹配百分比低于 85%，则需要通过改变网格边长等途径提高匹配百分比。以杯座模型为例，通过改变杯座网格边长观察网格匹配百分比的变化情况。如图 1-3-5 所示，选中 "beizuo_study"，在右键菜单中单击 "重复"，复制任务模型，并重新命名为 "改网格边长"；双击 "改网格边长"，进入新的任务。单击 "生成网格"，如图 1-3-6 所示，将 "全局边长" 设置为 1mm，勾选 "重新划分产品网格"，再单击 "立即划分网格" 按钮。

扫一扫微课

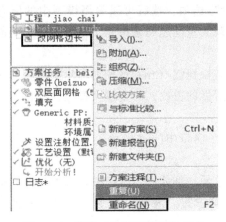

图 1-3-5　新建 "改网格边长" 任务

图 1-3-6　重新划分网格

网格划分完毕，网格的数目由原来的 58526 增加为 165904，匹配百分比由原来的 89.8% 提高为 91.6%，且没有出现其他网格缺陷。还可以通过优化第二次划分的网格来进一步提高匹配百分比。不改变网格边长，勾选 "重新划分产品网格"，单击 "立即划分网格" 按钮。这一次划分的目的是均衡网格的大小及分布，优化网格匹配百分比。如图 1-3-7 所示，网格的数目则由 165904 减少为 162362，网格的匹配百分比由 91.6% 提升为 92.0%，如图 1-3-7 所示，无其他网格缺陷。以上操作证明减少网格边长值和优化划分可以有效提高一些复杂产品的网格匹配百分比。鉴于优化网格时系统难免会出现误差，甚至会加重畸形的程度，一般要慎用。

1.3.4　网格操作

1. 网格诊断工具

扫一扫微课

网格单元的质量直接影响模流分

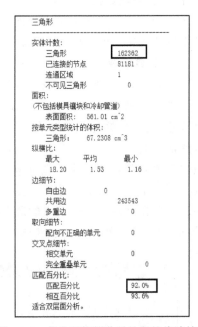

图 1-3-7　优化网格划分后的网格统计结果

析的可行性及分析结果的精确性，系统在划分网格的过程中会产生一些问题网格，需要通过不同的方式进行修复，只有诊断并修复好网格，才能够使接下来的分析工作得以顺利而准确地进行。这些问题网格主要表现为纵横比过大、自由边与非交叠边、定向错误、交叉单元与覆盖单元、漏洞、网格厚度有误等。除了网格自身的缺陷，还有划分后的模型局部出现畸形而导致的外形缺陷，以及模型造型有误造成的网格叠加等不易查出和难以修复的问题。

诊断网格问题的网格诊断命令有"纵横比""重叠""取向""连通性"与"自由边"等，如图1-3-8所示。在使用这些网格诊断命令之前，先查看一下网格统计信息，包括实体统计、各种网格缺陷问题、网格数目，以及最重要的网格匹配百分比和相互百分比。在修补过程中，可查看单项网格统计栏，以节约系统统计时间。

对于含有大量网格单元的模型，"网格诊断"需要较长的时间。以下重点介绍在这些情况下高效工作的方法。选择"将结果置于诊断层中"选项，然后可以关闭模型中的所有其余层，处理诊断层中的网格单元。如果诊断检查发现大量问题网格单元，则可能有必要创建新层，并将问题网格单元的子集分配给这些层。

编辑网格期间，需关闭网格诊断显示。可通过按快捷键<Ctrl+D>来实现此操作。这一点很重要，因为如果开启诊断显示，它将记录对网格所做的更改，对于较大模型，这将占用大量内存。

更改诊断层中网格单元的颜色时，可单击"层"窗口中的"显示"命令，这样有助于将这些网格单元与其他网格单元区别开来。

对于某些网格问题，可能有必要查看临近网格单元。例如：当网格中存在大纵横比单元或自由边单元时。在这些情况下，可使用"层"窗口中的"展开"命令，该命令可自动将相邻单元拉入到该层中，以便修改网格。

完成网格编辑后，建议再次使用网格诊断命令，以确认所有问题均已解决。

单击"主页"选项卡中的"网格"按钮，弹出"网格"选项卡，在"网格诊断"面板中单击下拉按钮，可将隐藏的网格诊断命令显示出来。

2. 实体导航器

"实体导航器"是一种工具，可以帮助检查由"网格诊断"中的命令识别出的潜在问题区域。仅当扫描零件并在网格中发现缺陷时，"实体导航器"才可见。单击"网格诊断"中的命令按钮，"实体导航器"会在左侧"工具"选项卡中出现。可通过单击"显示"按钮将其激活。对于"中性面"和"双层面"网格，使用"网格诊断"中的命令之后，"实体导航器"面板将在"网格"选项卡的最右侧显示，单击"实体导航器"中的箭头图标，可移动到下一个关注区域。对于"实体"网格，选择"网格修复向导"命令，"实体导航器"面板将显示在"网格"选项卡的最右侧，如图1-3-9所示。在"3D网格修复向导"对话框中选择"类别"，然后单击"实体导航器"中的箭头图标，可移动到下一个关注区域。

图1-3-8 "网格诊断"面板

图1-3-9 "实体导航器"面板

3. 网格选择工具

打开"网格"选项卡中的"选择"面板，如图1-3-10所示。

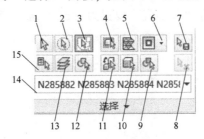

图1-3-10 网格选择工具

1—选择要使用的模型实体（默认） 2—选择圆内的项目 3—选择多边形区域内的项目
4—仅选择由局部选择完全框住的项目 5—通过连接选择更多的实体 6—包括选择平面三角形、同一条边
上的节点、同一个表面上的节点、同一个表面上的三角形、同一个表面上的四面体 7—保存当前选择列表
8—删除当前选择保存的列表 9—取消当前所有选择的列表 10—仅选择面向屏幕的曲面上的项目
11—反向选择，即所有已选择单元均变为取消选择，所有取消选择单元均变为已选择 12—选择所有项目
13—基于层选择项目 14—选择列表 15—基于属性选择项目

4. 实用程序

打开"网格"选项卡中的"实用程序"面板，如图1-3-11所示，其中有"测量""移动"与"查询"等命令。单击"测量"按钮，显示图1-3-12所示的对话框。"移动"命令可对实体进行平移、旋转、3点旋转、缩放与镜像操作。"查询"命令用于查询实体，单击"查询"按钮，弹出图1-3-13所示的对话框，输入要查询的实体，再单击"显示"按钮，会加亮该实体。

图1-3-11 "实用程序"面板

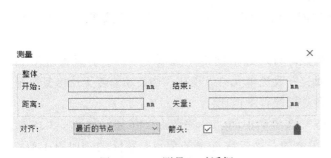

图1-3-12 "测量"对话框

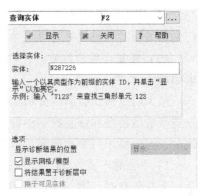

图1-3-13 "查询实体"对话框

1.3.5 网格诊断与修复

1. 纵横比诊断与修复

（1）诊断 网格纵横比是指三角形的最长边与高的比值，网格纵横比越大，则此三角形单元就越接近于一条直线，在分析中不允许有这样的三角形

扫一扫微课

存在。纵横比推荐最小值为 6~8，最大值为 15~20。如图 1-3-14 所示，单击"网格"选项卡中的"纵横比"按钮，杯座模型默认的"最小值"为"20"，"最大值"文本框中为空。为提高分析结果的准确性，将"最小值"设置为"8"，这样模型中最小纵横比大于 8 的单元都将在诊断图中显示，如图 1-3-15 所示。

图 1-3-14 纵横比诊断

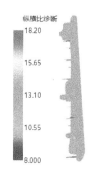

图 1-3-15 纵横比大于 8

1）"显示网格/模型"选项指定是仅显示诊断结果，还是将模型和诊断结果一同显示。

2）"将结果置于诊断层中"选项指定是否将网格或表面的诊断结果存储在层中，或与其他层隔离。如果勾选此选项，诊断命令将自动创建一个诊断层（如果之前不存在任何诊断层）。

3）"限于可见实体"选项。当此选项处于取消勾选状态时，将在显示诊断图时对相关实体的所有实例执行诊断检查。每次更改模型时，都将自动更新显示的诊断图。对于较大模型，在更改模型时自动更新诊断图可导致相当长的延时，特别是在编辑网格以解决单元重叠或相交问题时。当此选项处于被勾选状态时，仅对可见实体执行诊断检查。通过隐藏模型某些部分并仅使需要诊断检查的区域保持可见，可以提高诊断图的更新速度和工作效率。

勾选"限于可见实体"（通常与"将结果置于诊断层中"选项组合使用），然后单击"显示"按钮。当问题单元出现在诊断结果层时，展开该层。在清理问题单元时，每次在进行网格编辑时，都只针对可见单元重新进行计算与诊断。

（2）修复 网格修复时，可以通过功能区的"实体导航器"快速查找纵横比不符合要求的单元。

过大的纵横比会影响分析结果的准确性。可通过"网格"选项卡中的"自动修复"命令进行自动检测和修复模型中的交叉单元，并改进单元的纵横比。当自动修复无法修复纵横比时，则需要采用手动修复。以下功能命令可改善纵横比：

1）"合并节点"命令。单击"网格"选项卡中的"合并节点"按钮，如图 1-3-16 所示。合并节点时，第一次选择的节点是保留的，第二次选择的节点是移除的。如图 1-3-17 所示，在选择时要注意先后顺序，确保留下正确的节点。选择图 1-3-18 所示的两个节点，可将细小的三角面消除。

2）"交换边"命令。大小相对差不多的面，可用交换边的方法改善边长，注意一定要在同一个平面内才能使用"交换边"命令。单击"网格"选项卡中的"交换边"按钮，如图 1-3-19 所示。选择需要修复的两个三角形，再单击"应用"按钮即可达到改变纵横比的效果。

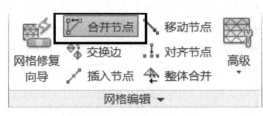

图 1-3-16　"合并节点"按钮

图 1-3-17　节点合并

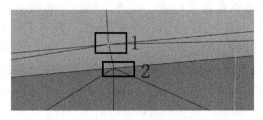

图 1-3-18　选择节点

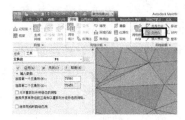

图 1-3-19　"交换边"按钮

3）"插入节点"命令。插入新节点可拆分三角形或四面体。单击"网格"选项卡中的"插入节点"按钮，选择图 1-3-20 所示两点，可达到改善纵横比的目的。

4）"移动节点"命令。几个大面和小面放在一起时，可用移动节点的方法将现有节点重新定位到新坐标位置或偏移一定值。无须通过插入节点，只要选中节点并将其拖动到所需位置，然后单击"应用"按钮即可。

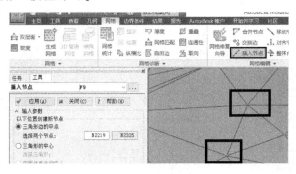

图 1-3-20　插入节点

5）"对齐节点"命令。用于将节点移动到其他两个节点之间的假想线上。单击"网格"选项卡中的"对齐节点"按钮，先选择不动的节点，再选取要移动的节点，应注意选取的先后次序，然后单击"应用"按钮，如图 1-3-21 所示。

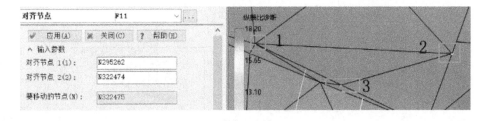

图 1-3-21　对齐节点

6）"整体合并"命令。用于搜索全部网格并合并其间距小于指定公差的节点。单击"网格"选项卡中的"整体合并"按钮，然后单击"应用"按钮即可。

在进行网格修复时，往往要单个选择节点或三角形单元。为避免同时选择上、下表面的节点或三角形单元，可单击网格选择工具（"选择"面板）中的"基于属性选择项目"图标按钮。

扫一扫微课

2. 自由边诊断与修复

（1）自由边　如果一个三角形单元所拥有的边仅属于单元本身，与其他的单元没有共有关系，这样的边就称为自由边。单击"网格"选项卡中的"自由边"按钮，可诊断单元中的自由边，如图1-3-22所示。出现自由边的原因主要有两种：一是有非结构性孔洞的网格模型，孔洞周围缝隙的边为自由边；二是与其他三角形单元没有共享的边为自由边。自由边是不允许出现在"双层面"和"实体（3D）"网格类型中的，如果存在自由边，就说明有单元是独立出来的，没有与其他单元相连接，就不能组成一个整体，这会严重影响以后的分析。处理网格自由边的方法有很多，通常采用合并节点、自动修补和填充孔等，这几种方法一般都需要综合运用。

（2）填充孔　填充孔是指插入三角形，以在"双层面"或"中性面"网格中填充孔。单击"网格"选项卡中的"填充孔"按钮，出现图1-3-23所示对话框。选择孔的方式有两种："按三角形选择"与"按节点选择"。一般采用"按节点选择"，之后选择自由边的一个节点，然后单击"搜索"按钮，自由边形成封闭图形，再单击"应用"按钮，完成自由边修复。

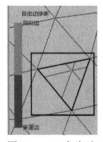

图1-3-22　自由边

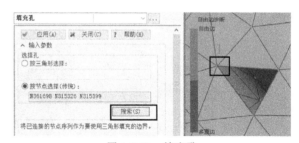

图1-3-23　填充孔

3. 重叠单元诊断与修复

表面网格分上、下两层网格，在模型转档或划分网格的过程中，由于系统的误差，将上、下面或临近的三角形交错到一起，形成交叉或重叠单元。其中一种是网格相互交叉，如图1-3-24所示；另一种是网格面相互覆盖，如图1-3-25所示。

图1-3-24　交叉单元

图1-3-25　重叠单元

单击"网格"选项卡中的"重叠"按钮,出现"重叠单元诊断"对话框,如图1-3-26所示。"查找交叉点"可以查找模型上交叉的单元;"查找重叠"可以查找模型上覆盖的单元。在Moldflow中,系统将重叠单元分为两类,为方便用户快速查找和修补,在诊断前需设置显示哪种类型的重叠单元。鉴于这两种重叠方式独立存在的情况比较少,混合存在的情况比较多,建议同时勾边两个选项。以下部分设置原理相同。为了便于查找和修补,在"选项"选项组中勾选"显示网格/模型"选项,最后单击"显示"按钮。修复时,先删除交叉或重叠的单元,然后通过"填充孔"等命令修复。

图1-3-26 "重叠单元诊断"对话框

4. 连通性诊断与修复

连通性指检查网格的所有单元是否正确连接在一起。单击"网格"选项卡中的"连通性诊断"按钮,弹出"连通性诊断"对话框,如图1-3-27所示。单击模型上的任一节点或网格,在文本框中将出现它们的序号。在Moldflow中,实体序号均用它们的英文名称的第一个字母为前缀,后面附上数字,如N12100、T225、325,分别表示节点N12100、网格T225、杆单元325。

勾选"忽略柱体单元"选项,则只检查网格间的连通性,不涉及杆单元。通常情况下,实体间的连通中断多出现在浇注系统的杆单元之间和浇口与产品之间,因此建立浇注系统后应勾选此项。为了便于查找和修补,在"选项"选项组中勾选"显示网格/模型",最后单击"显示"按钮。

图1-3-27 "连通性诊断"对话框

连通的实体呈蓝色,未连通的实体呈红色。实体间的连通都靠它们的端点,如图1-3-28所示。只要有实体存在,它的端点便不能被删除,但删除实体后,端点可以独立存在。Moldflow中的模拟流动是从进胶点开始,逐渐推算到离进胶点最远的型腔末端,因此要求整个型腔和浇道是完全连通的。由于分析前必须经过网格修补和创建浇注系统,可能导致两段看似相连的实体并非共用同一端点,这就出现了非连通的现象。如果非连通出现在浇注系统之间,则熔融塑料无法通过流道进入型腔,导致分析无法进行。所以在分析前,必须检查应处于连通状态的实体是否存在非连通情况。

图1-3-28 连通性诊断

5. 折叠诊断与修复

折叠诊断用于诊断网格上、下面的节点。由于误差合并到一块,形成了局部网格塌陷的缺陷,如图1-3-29和图1-3-30所示。网格对应面之间的距离反映的是模型此处的厚度,如果它们共享同一个节点,就会造成零距离,不能真实地反映这两层网格间的厚度,相当于改变了模型的局部特征。局部塌陷的网格是不会阻止熔融塑料流动进行的,但会影响流动分析和冷却分析的准确性。单击"网格"选项卡中的"折叠"按钮,出现"折叠面诊断"对话框,如图1-3-31所示。为了便于查找和修补,在"选项"选项组中勾选"显示网格/模型"

选项，最后单击"显示"按钮。修复时，先将折叠部分删除，再采用"填充孔"等命令进行修复。

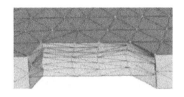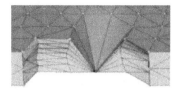

图 1-3-29　网格正常面与塌陷面的对比（一）

图 1-3-30　网格正常面与塌陷面的对比（二）

6. 取向诊断与修复

网格取向用于提供区分二维节点单元的两个面的统一方法，就像用在中性面和双层面网格中一样。通常最简单的方法就是将单元的一面称为顶面，另一面称为底面。

查看网格取向时，单元的顶面显示为蓝色，底面显示为红色。对于双层面模型，整个模型都应该是蓝色的。通常，对于中性面模型，面向型腔的单元应该是蓝色的，面向型芯的单元应该是红色的。

Moldflow 将右手法则应用于定义单元的节点序列，以确定单元的法线方向。例如：如果向下看一个单元并且定义这个单元的节点序列处于逆时针方向（按逆时针

图 1-3-31　"折叠面诊断"对话框

方向弯曲右手的手指），那么法线方向就是向上的（大拇指将指向上方），并且单元面向自己的那面被定义为顶面。表 1-3-2 总结了需要对网格进行取向的分析类型及取向的主要目的。

表 1-3-2　需对网格取向的分析类型与取向目的

分析类型	取向的目的
全部	确定根据名义厚度绘制结果时的正侧面和负侧面
填充+保压	确定将不同的模具材料分配给中性面单元的每个侧面时的顶面和底面；提供表层和聚合物表层厚度的取向一致时的顶部与底部的定义
冷却	提供零件、模具镶件和分型面的温度一致时的顶部与底部定义；确定模具镶件和模具内表面是否与零件的顶部或底部接触
应力	确定所应用的压力载荷的方向

所需的网格取向取决于网格类型（中性面或双层面），以及模型的某些特性，表1-3-3总结了取向要求。

表1-3-3　取向要求

模型特征	属性名称	取向要求
零件	零件表面（中性面）	顶部（蓝色）和底部（红色）的定义可由用户选择，例如：顶部＝型腔，底部＝型芯。定位柱、加强筋等的取向也可由用户选择，并且每种特性的取向必须一致
	零件表面（双层面）	顶部（蓝色）必须向外
	零件（3D）	不需要取向
冷浇口	冷浇口面（中性面）	顶部（蓝色）和底部（红色）的定义可由用户选择
	冷浇口面（双层面）	不需要取向
模具	模具镶块表面	顶部（蓝色）必须向外
模具镶件	模具镶件表面	顶部（蓝色）必须向外
零件镶件	零件镶件表面	如果零件镶件单元的取向与相邻的中性面零件单元相反，那么镶件将被视为与零件的顶部接触，反之亦然
分型面	分型表面	顶部（蓝色）和底部（红色）的定义可由用户选择，例如：顶部＝型腔，底部＝型芯
模具内标签	模具内标签	对于双层面零件网格，顶部（蓝色）必须朝向零件单元。对于中性面零件网格，如果标签单元的取向与相邻的中性面零件单元相反，那么标签将被视为与零件的顶部接触，反之亦然

单击"网格"选项卡中的"取向"按钮，然后单击"显示"按钮，可显示网格取向诊断结果。检查模型中各种特性的取向是否正确。正确取向的具体要求取决于网格类型（中性面或双层面）及模型类型（如零件单元、镶件单元）。在网格取向诊断图形中，根据对定义单元的节点序列应用右手法则时可获得单元的法线方向，并以蓝色（顶面）或红色（底面）来显示单元。在"选项"选项组中，选择查看诊断结果的方式。

要更正取向不正确的双层面或中性面网格单元，可使用"网格"选项卡中的"全部取向"命令或"单元取向"命令。

7. 尺寸诊断与修复

对于使用实体网格的模型，可以确定模型表面之间的距离。"尺寸"诊断命令用于在实体网格中查看模型尺寸值。根据每个单元的法向计算尺寸。要使用此命令，单击"网格"选项卡中的"尺寸"按钮，输入最小和最大尺寸，然后单击"显示"按钮，可查看用图形方式显示的结果。单击"网格"选项卡中的"显示"按钮，可关闭图形显示。显示更新可能需要花费一些时间，特别是在"最小值"和"最大值"中输入较大值时。使用"诊断导航器"面板中的命令，可以从一个已识别的单元移至下一个单元。在"尺寸诊断"对话框的"输入参数"选项组中，输入诊断的上限和下限。在"尺寸诊断"对话框的"选项"选项组中，勾选查看结果的方式。注意：中性面和双层面网格不支持此命令。

8. 厚度诊断与修复

创建完双层面网格后，需要在运行分析前查看网格厚度并进行必要的调整，以确保具有双层面网格。单击"网格"选项卡中的"厚度"按钮，打开"厚度诊断"对话框，如图1-3-32所示，在对话框的"输入参数"选项组中，输入要显示的厚度值的上限和下限。如果想要查看整个模型的厚度值，请将"最小值"设置为"0"，将"最大值"设置为一个较大的值，如"1000"。在"厚度诊断"对话框的"选项"选项组中，勾选查看结果的方式。单击"显示"按钮，以图形方式查看结果。要获得更好的查看效果，可取消勾选"显示网格/模型"选项。单击"网格"选项卡中的"显示"按钮，打开或关闭图形显示，厚度诊断结果如图1-3-33所示。注意：在双层面网格中，边单元厚度应为相邻单元厚度的75%。实体网格不支持此命令。

图1-3-32 "厚度诊断"对话框

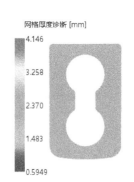
图1-3-33 厚度诊断结果

9. 双层面网格匹配诊断与修复

（1）诊断 双层面网格匹配诊断报告中显示了两个网格的匹配百分比，即"匹配百分比"和"相互匹配百分比"。匹配百分比指在零件的另一侧面上找到匹配单元的百分比；相互匹配百分比指向后与同一单元匹配的匹配单元的百分比。在这两种情况下，都不会计算边单元。

对于一般的填充+保压分析，建议的最小匹配百分比和相互匹配百分比为85%。如果匹配百分比介于50%和85%之间，将发出警告。如果匹配百分比低于50%，分析将显示错误，并退出分析。对于带有多个加强筋的复杂零件，建议采用较高的匹配百分比。进行纤维填充+保压和纤维翘曲分析时，为得到精确的结果，建议的匹配百分比和相互匹配百分比为90%或更高。进行翘曲分析时，若使用未填充材料，建议的最小匹配百分比是70%；若使用填充有纤维的材料，建议的最小匹配百分比是80%。

在双层面网格中，通过计算零件相对侧面上的单元之间的距离来确定零件的厚度。在理想状态下，单元之间是一一对应的，但由于网格的样式不同或零件的任意一侧的几何或曲率不同等原因，通常不能获得理想状态。

网格匹配对于双层面纤维翘曲分析尤其重要，因为在两个表层上由网格异常（而非型腔中真正的流动特性）引起的不一致纤维取向可对翘曲预测产生不利影响。

（2）修复 网格转换器具有网格匹配功能，以最大化双层面网格的相对表层上匹配的单元数。转换器所达到的网格匹配级别汇总在网格统计报告中，并且可以在双层面网格匹配诊断中以图形方式显示。

单击"网格"选项卡中的"网格匹配"按钮，打开"双层面网格匹配"对话框，如图1-3-34所示，可查看诊断报告。网格匹配百分比和相互匹配百分比至少应为80%~85%。

单击"网格"选项卡中的"显示"按钮查看图形表示，双层面网格匹配信息将以图的形式显示在模型上，所有匹配单元、不匹配单元或位于边上的单元都将加亮显示。杯座网格匹配图形如图1-3-35所示。图1-3-36所示为杯座网格匹配诊断报告，匹配百分比为92.0%，相互匹配百分比为93.6%，已经满足模流分析要求。

图1-3-34　"双层面网格匹配诊断"对话框

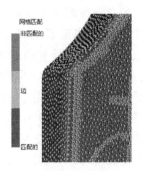

图1-3-35　杯座网格匹配图形（局部放大）

有助于可视化单元匹配的方法是收缩单元。在"层"窗口中，单击包含双层面网格单元的层，将其选中；单击"层显示"按钮，访问层的显示属性；在"实体类型"下拉列表中选择"三角形单元"，在"显示为"下拉列表中选择"收缩显示"，如图1-3-37所示。按<Ctrl+D>关闭诊断图，再次按<Ctrl+D>打开诊断图。

图1-3-36　杯座网格匹配诊断报告

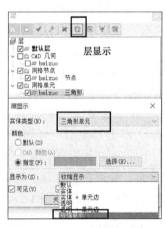

图1-3-37　"收缩显示"命令

手动进行网格分类也可以改进网格匹配。选择一个或多个未正确分类的单元，例如：显示为"匹配的"，实际上应为"边"的单元；显示为"非匹配的"，实际上应为"边"的单元；显示为"匹配的"，实际上为"非匹配的"单元。在模型显示窗口中单击鼠标右键，然后选择"属性"，弹出"零件表面（双层面）"对话框。在"双层面类型"下拉列表中选择"指定"，在"匹配类型"下拉列表中选择"边"选项，如图1-3-38所示，然后单击"确定"按钮，

图1-3-38　手动进行网格分类

网格匹配诊断图可自动更新。对需要手动分类的其他单元重复以上步骤。

注意：上述方法不能用于将不匹配的单元重新分类为匹配的单元。如果零件中存在许多不是边单元的不匹配的单元，应考虑采用较短的边长重新划分零件网格。

10. 零面积诊断与修复

零面积单元诊断用于识别和确定模型中面积非常小或为零的单元，使用此命令时，可将用于自动计算相等面积的最小边长设置为诊断公差，以识别面积小于计算值的单元。如果存在零面积单元，将会在错误消息中报告。单击"网格"选项卡中的"零面积"按钮，打开"零面积单元诊断"对话框，如图1-3-39所示。将"输入参数"中的"查找以下边长"设置为诊断公差，以识别面积小于"相等的面积"的单元。在"选项"选项组中，勾选查看结果的方式。单击"显示"按钮，可直观地显示任何问题。使用"网格修复"面板中的相应命令来修复单元。例如：根据具体问题，使用"整体合并""合并节点""移动节点"或"重新划分网格"命令可能会有所帮助。

图1-3-39 "零面积单元诊断"对话框

11. 出现次数诊断与修复

"出现次数"命令用于诊断模型实体出现的次数。默认的网格实体出现的次数为1次。但在对对称产品和一模多型腔产品进行流动分析时，可以将采用同种塑料进行填充，并且流动路径完全相同的模型实体定义为多次出现，从而达到简化模型、节约分析时间的目的。此命令就是用来检查流动路径相同的模型实体出现的次数是否和模具的型腔数相符。

单击"网格"选项卡中的"出现次数"按钮，弹出"出现次数诊断"对话框，如图1-3-40所示，单击"显示"按钮，出现模型被预先设定出现的次数。将这个模型出现的次数设定为1次，则在诊断结果视图的左侧显示为1次。注意："出现次数"命令只能用于单独的流动分析。如果执行冷却、翘曲和应力分析，一定要建出完整的模型，不能使用简化模型。杯座的出现次数诊断如图1-3-41所示。

图1-3-40 "出现次数诊断"对话框

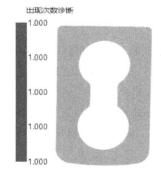

图1-3-41 杯座的出现次数诊断

12. 接近度诊断与修复

接近度诊断用于检查网格中非常接近甚至重叠的三角形单元。如果两个单元的质心太近,这表示网格不理想,需要修复。理想的网格单元如图 1-3-42a 所示,不理想的单元如图 1-3-42b 所示,通过其质心的相对位置可以比较容易地将其辨别出来。相距太近的三角形单元(距离小于任一单元平均边长的 1/10),在图中会被识别为错误。相距接近任一单元平均边长的 1/10 的三角形单元,在图中会被识别为警告。

单击"网格"选项卡中的"接近度"按钮,出现"质心太近诊断"对话框,如图 1-3-43 所示,单击"显示"按钮,未发现不理想的杯座网格单元。

a) 理想网格单元

b) 不理想网格单元

图 1-3-42　网格单元

图 1-3-43　"质心太近诊断"对话框

13. 冷却回路诊断与修复

冷却回路诊断用于检查冷却回路是否已经正确建模。每个冷却回路至少应有一个进水口和一个出水口。运行诊断时,正确的冷却回路将显示为蓝色,无效的冷却回路的截面将显示为红色。默认冷却管道的颜色为深蓝色。

单击"几何"选项卡中的"冷却回路"按钮,采用系统默认参数,创建的冷却回路如图 1-3-44 所示。单击"网格"选项卡中的"冷却回路"按钮,出现图 1-3-45 所示对话框,单击"显示"按钮,未发现诊断错误。

图 1-3-44　创建冷却回路

图 1-3-45　"冷却回路诊断"对话框

14. 柱体单元长径比诊断与修复

柱体单元长径比诊断用于检查太短和太粗(低长径比)的柱体单元或太长和太细(高长径比)的柱体单元。单击"网格"选项卡中的"柱体单元长径比"按钮,出现图 1-3-46 所示对话框,单击"显示"按钮,杯座的柱体单元长径比诊断结果如图 1-3-47 所示。

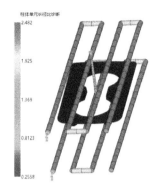

图 1-3-46 "柱体单元长径比诊断"对话框　　　　图 1-3-47　杯座的柱体单元长径比诊断结果

1.3.6 任务训练

1. 填空题

（1）Moldflow 主要使用了_____的数值仿真技术。

（2）_____决定了 Moldflow 模拟分析结果的准确性。

（3）确定网格边长的标准是_____。

（4）_____是提高网格匹配百分比的有效途径。

（5）网格初步划分质量可以通过_____命令进行查询。

（6）如果网格匹配百分比低于 85%，需要通过改变_____等途径提高匹配百分比。

（7）网格诊断的时间与_____有关。

（8）_____可以帮助检查由"网格诊断"命令识别出的潜在问题区域。

（9）"查询"命令用于_____。

（10）网格_____越大，则此三角形单元就越接近于一条直线，在分析中不允许有这样的三角形存在。

2. 操作题

打开 Moldflow 软件，导入素材包操作题 3 的模型，分别练习杯座与仪表盒的网格创建、网格诊断和网格修复。

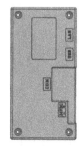

a) 杯座　　　　　　　　　　　　　b) 仪表盒

图 1-3-48　练习模型

任务4　选择材料

在 Moldflow 数据库中收录了丰富且全面的材料信息。数据库中的每一种材料都有针对其属性推荐的成型工艺条件，很多种材料定义了 PVT 数据、收缩属性参数和力学性能各向异性参数。用户在为分析案例选择材料时，可以根据已知的材料信息，在数据库中通过不同的途径选择合适的材料。

1.4.1　材料选择

在"方案任务"窗口中，点选有图标 的任务并单击鼠标右键，单击"选择材料"，或单击"主页"选项卡中的"选择材料"按钮，打开图 1-4-1 所示的"选择材料"对话框。通过此对话框访问材料数据库，以便绘制材料属性曲线图、搜索特定材料、选择材料，以及将材料添加到常用列表。

扫一扫微课

1. 常用材料

"常用材料"列表里存放的是经常用到的塑料材料，选择时直接单击相应的塑料牌号即可。可以在"选项"对话框的"常规"选项卡中设置"要记住的材料数量"，如图 1-4-2 所示。已经存在于"常用材料"列表中的材料可以通过右侧的"删除"按钮进行删除。

图 1-4-1　"选择材料"对话框

图 1-4-2　设置常用材料数量

2. 指定材料

先在"制造商"下拉列表里选择制造商的名称，之后在"牌号"下拉列表里会显示这个制造商名下不同牌号的塑料材料。由于制造商名录是以英文字母顺序排序，塑料牌号是以数字排序，有时难以快速找出目标制造商。如果对材料的信息掌握得比较全面，可以通过其他方式查找。被选中的材料的牌号和制造商名称会出现在相应的文本框里。

3. 搜索

单击"牌号"右侧的"搜索"按钮，出现"搜索条件"对话框，如图 1-4-3 所示。在"搜索条件"对话框里可以通过"制造商""牌号""材料名称缩写"和"填充物数据：描述"等选项进行搜索。

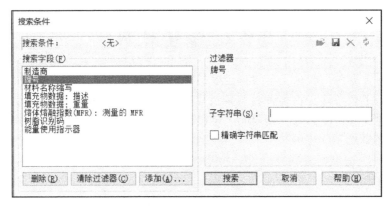

图 1-4-3 "搜索条件"对话框

（1）制造商 在右侧文本框里输入制造商的名称，如 Nytex、Hoechst 等，针对性比较弱。

（2）牌号 在右侧文本框里输入材料的牌号，如 7550、7350 等，针对性很强。输入完整的牌号时，如果这种塑料材料存在于 Moldflow 材料库里，就可以直接找到。

（3）材料名称缩写 需输入塑料材料的品种名，如 PC、ABS 等，针对性比较弱。

（4）填充物数据 根据填充物的名称、重量等进行搜索，一般配合其他途径选材。

（5）熔体熔融指数（MFR） MFR 为熔融塑料在一定载荷下每 10min 通过一定口径的流量。搜索时需分别输入最小熔融指数和最大熔融指数。

选材途径中，除"牌号"外，其他几项一般要相互结合起来运用才能快速找到需要的塑料材料。

以上几种为默认的选择途径。在"搜索条件"对话框最下一排按钮中选择"添加"命令，弹出"增加搜索范围"对话框，如图 1-4-4 所示。可以通过更多反映塑料材料属性的方式或数据寻找适合的成型材料。

以杯座为例，其材料为 ABS，在"子字符串"文本框中输入"ABS"，会显示所有的 ABS 材料；选择制造商为"Tai-Da"，牌号为"6003"的 ABS，单击"选择"按钮，确定所选材料。

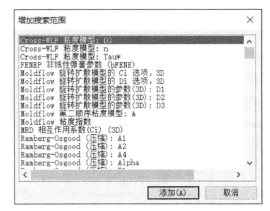

图 1-4-4 "增加搜索范围"对话框

扫一扫微课

1.4.2 材料属性

选择热塑性材料等级时，要考虑一些重要的材料特性。在"方案任务"窗口中，双击💎，打开"选择材料"对话框，单击"详细信息"按钮，可以查看 Tai-Da 6003 ABS 的材料属性。

1. 材料描述

制造商为 Tai-Da，牌号为 6003 的 ABS 的材料信息包括：

1）系列为"ACRYLONITRILE COPOLYMERS（ABS，ASA，...）"。

2）牌号为"6003"。

3）制造商为"Tai-Da"。

4）材料名称缩写为"ABS"。

5）材料类型为"Amorphous"。

6）数据来源为"Other：pvT-Supplemental：mech-Supplemental"。

7）最后修改日期为"12-AUG-05"。

8）数据状态为"Non-Confidential"。

9）材料 ID 为"185"。

10）等级代码为"CM0185"。

11）供应商为"TAIDA"。

12）纤维/填充物为"未填充"。

2. 推荐工艺

Moldflow 推荐的 Tai-Da 6003 ABS 的成型工艺如图 1-4-5 所示。系统给出了合理的成型工艺参数范围，对于 Moldflow 用户和试模人员有很高的参考价值。

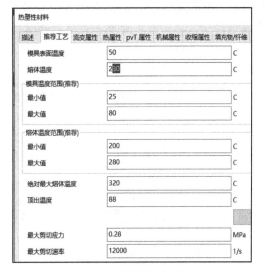

图 1-4-5 "推荐工艺"选项卡

1）模具表面温度为 50℃。

2）熔体温度为 230℃。

3）模具温度范围为 25~80℃。

4）熔体的温度范围为 200~280℃。

5）绝对最大熔体温度为 320℃，塑料在填充过程中超过这个温度就会发生降解。

6）顶出温度为 88℃，产品在型腔内降到这个温度时强度已经足够高，可以开模顶出。

7）最大剪切应力为 0.28MPa，熔体受到的剪切应力不宜超过该塑料能承受的最高剪切应力。

8）最大剪切速率为 12000s，熔体的剪切速率不宜超过该塑料能承受的最高剪切速率。

模具温度是模具接触聚合物而产生的模具表面温度。模具温度会影响塑料的冷却速率，不能高于特定材料的顶出温度。

熔化塑料的温度就是熔体温度。增加熔体温度可以降低材料的粘度[⊖]。此外，较热的材料会降低冻结层的厚度。因为流动，收缩减小，降低冻结层的厚度将减少剪切应力，这将导致流动期间材料取向减少。

3. 结晶度

材料的结晶度可以用来识别聚合物在成型温度时的状态，状态变化范围包括从无定形状态到晶体状态。无定型聚合物没有分层，并在任何条件下都保持此状态。晶体聚合物具有有

⊖ 因软件中使用的术语为"粘度"，故全书统一使用"粘度"。

序排列的塑料分子，从而使分子排列更加紧密。

结晶度的范围是温度和时间的函数。结晶成分少，则冷却速率快，反之亦然。在注射成型的零件中，相对于较薄的区域而言，较厚的区域冷却较慢，因此结晶度较高，体积收缩幅度也会较大。

4. 流变属性

系统给出的 Tai-Da 6003 ABS 的"默认粘度模型"为"Cross-WLF"，如图 1-4-6 所示，单击右侧的"查看粘度模型系数"按钮，查看该粘度模型参数，如图 1-4-7 所示。单击"绘制粘度曲线"按钮，弹出该材料的粘度和剪切速率曲线图，如图 1-4-8 所示。曲线图显示了在 4 种温度下（每一种温度对应不同的颜色和图标形状）粘度和剪切速率的关系。在相同温度下，剪切速率越高，塑料粘度越低；剪切速率相同时，温度越高，塑料粘度越低。单击曲线图对话框左下角的"查询"按钮，可查询具体的粘度值。温度为 200℃，剪切速率由 1.0001/s 增加至 999.61/s 时，粘度便由 21592Pa·s 降至 221.5Pa·s；在剪切速率接近 1001/s，温度由 280℃ 降为 200℃ 时，粘度便由 430.1Pa·s 上升为 1830Pa·s，所以在注射成型过程中，增加剪切速率和提高熔体温度都是降低熔体粘度、改善塑料流动性的途径。

在流变特性中，系统给出了塑料材料的转化温度，也就是塑料的玻璃态温度。Tai-Da 6003 ABS 的转化温度为 100℃。

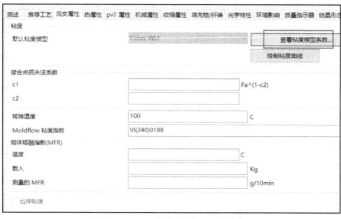

图 1-4-6　"流变属性"选项卡

图 1-4-7　Cross-WLF 粘度模型参数

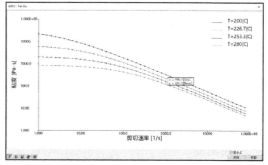

图 1-4-8　粘度和剪切速率曲线图

5. 热属性

材料的比定压热容（c_p）是指在压力不变的情况下，单位质量的材料温度升高 1℃ 所需的热量。它用于衡量材料将输入的热量转化成实际温度升高的能力。

"热塑性材料"对话框中的"热属性"选项卡以表格的形式显示"比热数据",如图 1-4-9 所示。

"热塑性材料"对话框中的"热属性"选项卡也以表格的形式显示材料的"热传导数据",如图 1-4-10 所示。

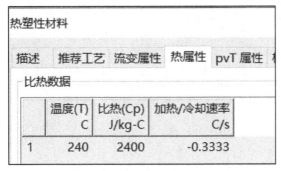

图 1-4-9 比热数据

图 1-4-10 热传导数据

6. 粘度

材料的粘度用于衡量材料在外加压力下的流动能力。聚合物的粘度取决于温度和剪切速率。通常,随着聚合物的温度和剪切速率的增加,粘度会减小,表明在外加压力的作用下流动能力增强。材料数据库在"流变属性"选项卡中提供材料的粘度指数,可以比较流动的难易程度。该粘度指数为剪切速率为10001/s、温度为圆括号中所指定温度时的粘度。

7. PVT 数据

如图 1-4-11 所示,Moldflow 提供了 PVT 模型,以说明材料在填充或填充+保压分析过程中的可压缩性。PVT 模型是一种数学模型,不同的材料使用不同的系数,并提供相对于体积和温度的压力曲线。

基于 PVT 数据进行的分析将更准确,但模型中每一点的温度和压力的迭代会增加计算强度。不过,这适用于在厚度上有突然而显著变化的复杂模型。

PVT 是 pressure、volume、temperature 3 个英文单词的第一个字母的缩写,即代表压力、体积和温度。塑料的 PVT 属性显示的是塑料在不同压力和不同温度下体积的变化。这 3 个量在模具的设计阶段十分重要。设计师会依据成型材料的 PVT 值对型腔

图 1-4-11 "PVT 属性"选项卡

做出正确的放缩水。另外,在试模时,调机师同样需要参考成型材料的 PVT 值,以避免注射压力过高,否则可能因型腔内塑料体积膨胀而损坏模具。单击"绘制 PVT 数据"按钮,弹出"体积比容 vs 温度"曲线图,如图 1-4-12 所示。图中显示了在 5 种不同载荷下(每一种载荷对应不同的颜色和图标形状)温度和体积比容(比定容热容)的关系。在相同载荷下,塑料的体积会随着温度的升高而膨胀;温度相同时,载荷越大,塑料的体积越小。单击对话框左下角的"查询"按钮,可查询具体的体积比容值。载荷为 100MPa,温度由 100℃

升至 250℃ 时，塑料的体积比容也由 $0.9321cm^3/g$ 变为 $0.9938cm^3/g$；温度为 200℃ 不变，载荷由 0MPa 增加至 200MPa 时，塑料的体积比容由 $0.9938cm^3/g$ 缩小至 $0.9397cm^3/g$。在注射过程中，塑料的体积会随着温度的降低而收缩；在保压阶段，保压压力的补缩作用将型腔内的塑料压实，维持塑料体积不变；在冷却阶段和开模后，在温度由高温降至室温这一段时间内，塑料会继续收缩，直至产品尺寸稳定为止。

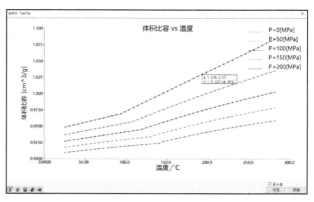

图 1-4-12 "体积比容 vs 温度"曲线图

8. 收缩

随着塑料的冷却，其尺寸会因体积收缩而有显著变化。影响收缩的主要因素是冷却取向、结晶度和热量的集中。图 1-4-13 所示为"收缩属性"选项卡。除当前分析的模型外，"测试平均收缩率"等其他参数无相关数据。在对产品进行收缩分析时，"收缩属性"选项卡需有经过精确检测确认的收缩数据，用户可以自行添加。

图 1-4-13 "收缩属性"选项卡

9. 光学属性

应力作用下的透明塑料可呈现出应力双折射。通过整个零件的光的速度取决于光的偏振，而双折射可导致重像及传输不规则的偏振光。

10. 复合材料

复合材料含有为注射成型而添加到聚合物中的填充物。填充物可以提高聚合物的强度，并有助于确保生产高质量的零件。大多数商业复合材料中包含的纤维占总重量的 10% ~ 50%。将这些材料视为对机械和液体动力学纤维交互作用均适用的浓悬浮液。在复合材料注射成型过程中，纤维取向的分布显示了分层性质，并受填充速度、工艺条件和材料特性的影响。

11. 环境影响

不同的材料可能受不同的环境影响。依据材料所属的聚合物族，可以初步判断材料的可加工性和潜在的可回收性。通过提供所选材料的树脂识别码，可帮助识别聚合物族。

最小化注射成型工艺所消耗的能量，既节约成本又环保。基于一套零件几何形状和厚度预测的注射压力和冷却时间，为热塑性材料数据库中的每种材料开发了能量使用指示值，这样可以指明使用任何给定的材料生产某种零件的相对能量要求。

树脂识别码和能量使用指示值都存储在热塑性材料的相关数据中。Tai-Da 6003 ABS 的树脂识别码为 7，能量使用指示器的值为 5。

12. 机械属性

塑料的机械属性对塑件很重要，能影响利用这种材料成型的制品的设计工艺、使用范围和力学性能指标。在图 1-4-14 所示的"机械属性"选项卡中，主要数据有弹性模量、泊松比和剪切模量。热膨胀数据显示的是该塑料的热膨胀系数，这一点对于需要在高温下使用的塑料制品尤其重要。这些材料必须具备在高温下保持良好尺寸稳定性的能力。

13. 填充物属性

Tai-Da 6003 ABS 没有填充物，所以图 1-4-15 所示的"填充物数据"中没有相关数据。如果是填充物增强型塑料，会在"描述"和"重量"栏分别显示填充物的名称和重量百分比。单击"填充物/纤维"选项卡中的"详细资料"按钮，显示的重要参数有填充物的密度、比热和热传导率，以及机械属性数据、热膨胀数据、拉伸强度数据。在 Moldflow 数据库中，被收录的数据参数都会显示在相应属性栏里。

图 1-4-14　"机械属性"选项卡

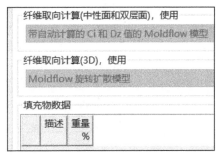

图 1-4-15　填充物属性

1.4.3　材料报告

创建材料报告的方法有以下 3 种：

1）单击"工具"选项卡中的"搜索"按钮，将显示"搜索数据库"对话框，如图 1-4-16 所示。在"类别"下拉列表中选择"材料"，在"属性类型"列表中选择"热塑性材料"，然后单击"确定"按钮，显示"搜索热塑性材料数据库"对话框，如图 1-4-17 所示。在数据库中搜索 Tai-Da 6003 ABS 材料，单击"报告"按钮，显示图 1-4-18 所示的材料数据方法报告。

2）在"方案任务"窗口中，在选择的材料上单击鼠标右键，在右键菜单中选择"细

扫一扫微课

节"命令，显示图1-4-18所示的报告。

3）双击选择的材料，打开"选择材料"对话框，单击"报告"按钮，打开图1-4-18所示的报告。

要打印报告，请在报告窗口中单击鼠标右键，在显示的右键菜单中选择"另存为"命令，将报告保存到文件，然后从文本编辑器打开并打印报告。

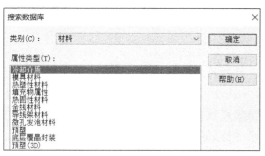

图1-4-16 "搜索数据库"对话框

图1-4-17 "搜索热塑性材料数据库"对话框

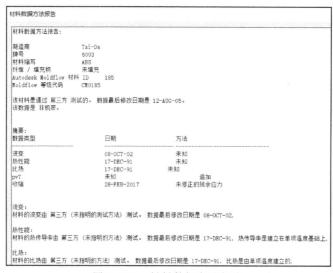

图1-4-18 材料数据方法报告

扫一扫微课

1.4.4 材料比较

图1-4-19所示对话框用于比较所选材料的材料数据和测试方法的相关信息。要访问此对话框，用鼠标右键单击"方案任务"窗口中选择的材料，在右键菜单中选择"比较"命令即可。然后选择列表中的一种或多种材料，以选择制造商Tai-Da生产的ABS为例，单击"比较"按钮，将显示图1-4-20所示的比较报告（在材料数据库中执行"搜索"命令后出现的对话框中也提供了"比较"按钮）。报告的第一列显示被比较的数据或测试方法属性，第二列和后续的列显示每个所选材料的属性值；单击图标 ，将以图形方式显示粘度、热传导率、比热或PVT数据。图1-4-21所示为通用PP的PVT数据。该功能仅适用于热塑性材料。

图 1-4-19 "选择材料与之比较"对话框

材料测试方法与数据比较报告		
制造商	Generic Default	Tai-Da
牌号	Generic PP	6003
材料缩写	PP	ABS
纤维 / 填充物	未填充	未填充
Autodesk Moldflow 材料 ID	10902	185
Autodesk Moldflow 等级代码	CM10902	CM0185
流变	标准毛细管流变仪	未知
日期	13-AUG-12	08-OCT-02
来源	Autodesk Moldflow Plastics Labs	其它
默认模型	Cross/WLF	Cross/WLF
热传导率	线 – 源	未知
日期	01-AUG-12	17-DEC-91
来源	Autodesk Moldflow Plastics Labs	其它
比热	DSC 冷却	未知
日期	01-AUG-12	17-DEC-91
来源	Autodesk Moldflow Plastics Labs	其它
pvT	间接延缓	追加
日期	08-AUG-12	12-AUG-05
来源	Autodesk Moldflow Plastics Labs	Moldflow Plastics Labs

图 1-4-20 材料测试方法与数据比较报告

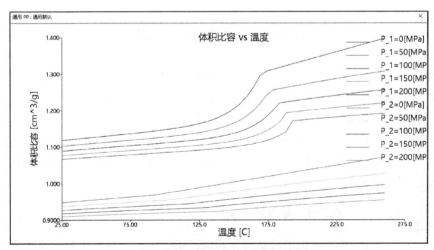

图 1-4-21 通用 PP 的 PVT 数据

1.4.5　任务训练

1. 填空题

（1）熔体的熔融指数指熔融塑料在一定载荷下每_____min 通过一定口径的流量。

（2）塑料在填充过程中超过绝对最大熔体温度就会发生_____。

（3）产品在型腔内降到_____温度时强度已经足够高，可以开模顶出。

（4）_____温度是模具接触聚合物而产生的模具表面温度。

（5）熔化塑料的温度就是_____温度。

（6）剪切速率相同时，温度越高，塑料的粘度越_____。

（7）_____用于衡量材料的散热速率。

（8）塑料的_____属性显示的是塑料在不同压力、不同温度下体积的变化。

（9）在保压阶段，保压压力的补缩作用将型腔内的塑料压实，维持塑料体积_____。

（10）影响收缩的主要因素是_____、结晶度和热量的集中。

2. 操作题

打开 Moldflow 软件，导入素材包中操作题 4 的模型，如图 1-4-22 所示，分别练习杯座、仪表盒的材料选择，其中杯座的材料为 ABS，仪表盒的材料为 PC。

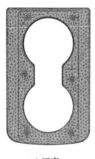
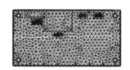
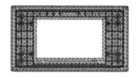

a) 杯座　　　　　　　　　　　　　b) 仪表盒

图 1-4-22　练习模型

任务5　创建浇注系统

注射模的浇注系统是指塑料熔体从注塑机喷嘴射出后到达型腔之前在模具中所流经的通道。浇注系统分为普通浇注系统和无流道浇注系统两大类，其作用是将熔体平稳地引入型腔，使之充满型腔的各个角落，在熔体填充和凝固的过程中，能充分地将压力传递到型腔的各个部位，以获得组织致密、外形清晰、尺寸稳定的塑件。浇注系统的设计是注射模设计中的一个关键环节。在 Moldflow 中，创建浇注系统有 3 种方法：自动创建、手动创建与导入曲线创建。

1.5.1　自动创建浇注系统

Moldflow 提供了流道向导功能，用于快速生成零件的流道系统。

扫一扫微课

1. 流道系统向导-布局

单击"几何"选项卡中的"流道系统"按钮，打开图 1-5-1 所示对话框，该对话框用于根据模型上设置的一个或多个注射位置指定主流道位置和流道系统类型。

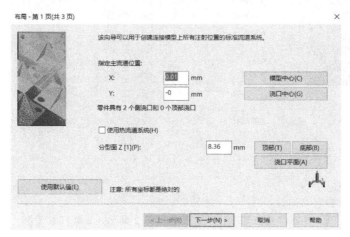

图 1-5-1 "布局-第 1 页（共 3 页）"对话框

对话框中各选项的含义如下。

1）X：输入主流道在 X 方向上的坐标。

2）Y：输入主流道在 Y 方向上的坐标。

3）模具中心：如果希望主流道位于模具中心，可单击此按钮。

4）浇口中心：如果存在多个浇口位置并希望主流道位于这些浇口的中心，可单击此按钮。

5）使用热流道系统：该选项可指定在流道系统中使用的热流道。勾选该选项，然后输入所需分型面和顶部流道平面测量值。

6）分型面 Z［1］：指定分型面的 Z 坐标，在图中用数字"1"表示。单击"顶部""底部"或"浇口平面"按钮时，自动计算默认值。

7）顶部：单击此按钮时，在"分型面 Z［1］"文本框中显示顶部流道平面位置，即在 Z 轴方向上，分型面位置坐标值加上零件的最大高度。

8）底部：单击此按钮时，在"分型面 Z［1］"文本框中显示零件的最低 Z 坐标。注意：此值由零件底部测量而得。

9）浇口平面：单击此按钮时，在"分型面 Z［1］"文本框中显示最高浇口的 Z 坐标。

杯座的主流道位置设在模型中心，X 坐标为 0.01mm，Y 坐标为 0mm，输入 X 和 Y 坐标或单击"模型中心"按钮定位主流道。杯座采用冷流道，不要勾选"使用热流道系统"；单击"浇口平面"按钮，在"分型面 Z［1］"文本框中输入"8.36"，单击"下一步"按钮，移动到向导的下一页。

2. 流道系统向导-主流道/流道/竖直流道

打开图 1-5-2 所示的"主流道/流道/竖直流道-第 2 页（共 3 页）"对话框，该对话框用于指定浇注系统的主流道、流道和竖直流道的几何信息。

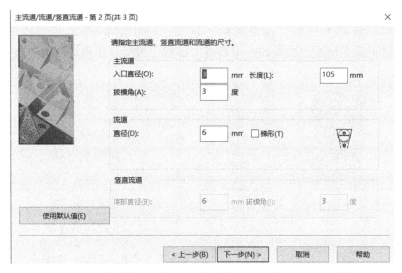

图 1-5-2　"主流道/流道/竖直流道-第 2 页（共 3 页）"对话框

对话框中各选项的含义如下。

（1）主流道　此选项组显示主流道的所有可选值。

1）入口直径：此文本框可设定主流道的入口直径。

2）长度：此文本框可设定主流道的长度。注意：默认计算值为 Z 方向上的最大高度（即默认流道直径）乘以 10。

3）拔模角：此文本框可设定主流道的拔模角。

（2）流道　此选项组显示流道的所有可选值。

1）直径：此文本框可设定流道的直径。

2）梯形：选择此选项时，表示需要的流道形状为梯形。注意：选择此选项时，还会激活一个首选项，即"拔模角"。或者也可以接受指定的默认角度。

3）拔模角：指定梯形流道的拔模角度。

（3）竖直流道　此选项组显示竖直流道的所有可选值。

1）底部直径：此文本框可设定竖直流道的底部直径。

2）拔模角：此文本框可设定竖直流道的拔模角。

设置杯座主流道入口直径为 3mm，拔模角为 3°，流道直径为 6mm，单击"下一步"按钮，移动到向导的第 3 页。

3. 流道系统向导-浇口

图 1-5-3 所示为"浇口-第 3 页（共 3 页）"对话框，该对话框用于指定浇注系统中浇口的几何信息。要使用流道系统向导创建香蕉形浇口，需指定侧浇口长度。

对话框中各选项的含义如下。

（1）侧浇口　此选项组用于指定浇注系统中要创建的侧浇口的几何尺寸。注意：只有在将一个或多个注射位置放置在零件的侧壁上时，这些选项才可用。

1）入口直径：此文本框可设定侧浇口的入口直径。

2）拔模角：此文本框可设定侧浇口的拔模角。

3）长度：通过输入长度值指定侧浇口长度。

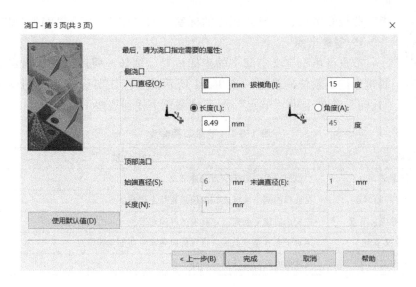

图 1-5-3 "浇口-第 3 页(共 3 页)"对话框

4）角度：通过输入角度值指定侧浇口长度。

（2）顶部浇口 此选项组用于指定浇注系统中要创建的顶部浇口的尺寸。注意：只有在零件顶部设置了一个或多个注射位置时，这些选项才可用。

1）始端直径：浇口与流道系统连接处的直径。

2）末端直径：浇口与模具型腔连接处的直径。

3）长度：指定要创建的顶部浇口的长度。

杯座采用侧浇口，入口直径为 3mm，拔模角为 15°，长度为 8.49mm，单击"完成"按钮，保存并关闭对话框。自动创建的杯座浇注系统如图 1-5-4 所示。采用自动创建的浇注系统一般不能满足分析需求。

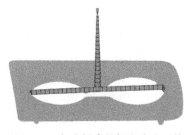

图 1-5-4 自动创建的杯座浇注系统

1.5.2 手动创建浇注系统

采用手动创建浇注系统时，选用"几何"选项卡中"创建"面板中的工具。创建的几何体基于节点、曲线和区域。创建的步骤如下：

1）创建用于定义几何体的曲线（直线）或节点。

2）设置属性类型。

3）创建区域。

4）对几何体进行网格划分。

使用"创建节点""创建曲线"或"创建区域"等建模对话框时，系统会提示选择或指定坐标、曲线、区域或其他模型实体，最简单的选择方法是将光标移到该模型上方，然后直接单击所需的坐标位置或实体。还可以框选模型实体。如果单击模型的方法并不便捷或者不可用，可以在对话框的相应文本框中输入值。例如：要指定 X、Y、Z 坐标分别为 30、-60 和 90 的位置，可按"30 -60 90"的格式输入。如果 Z 坐标为 0，只需输入 X 坐标和 Y 坐标即可，如"30 -60"。如果 Y 坐标和 Z 坐标为 0，只需输入 X 坐标即可，如"30"。要

扫一扫微课

指定曲线和区域，要输入相应的标签，如“C1”“C2”“R1”“R2”。

1. 创建节点

节点可用于定义空间中的坐标位置。例如：使用节点来确定曲线的端点或建立流道系统的模型。表1-5-1所示的节点工具命令用于创建节点，可在“几何”选项卡中“节点”的下拉菜单中找到这些工具命令。

表 1-5-1 节点工具命令

节点工具命令	功　　能
按坐标定义节点	在模型上单击坐标位置创建节点
在坐标之间的节点	在选择的两个坐标之间的假想直线上创建节点
按平分曲线定义节点	在所选曲线上创建指定数量的等间距节点
按偏移定义节点	相对于现有基本坐标以指定的距离和方向创建新节点
按交叉定义节点	在两条曲线的交叉点处创建节点

（1）按坐标定义节点　“按坐标定义节点”命令用于在模型上单击坐标位置来创建节点。通过“按坐标定义节点”命令可在创建新模型或向现有模型执行添加操作的过程中创建节点。单击“几何”选项卡中的“按坐标定义节点”按钮，将打开图1-5-5所示的对话框。

对话框中的各选项含义如下。

1）坐标：指定新节点创建位置的坐标。可直接单击模型指定坐标，也可在文本框中输入坐标值，如“0 0 0”。杯座的浇注系统中心与模型中心一致，如图1-5-6所示，然后单击“应用”按钮。

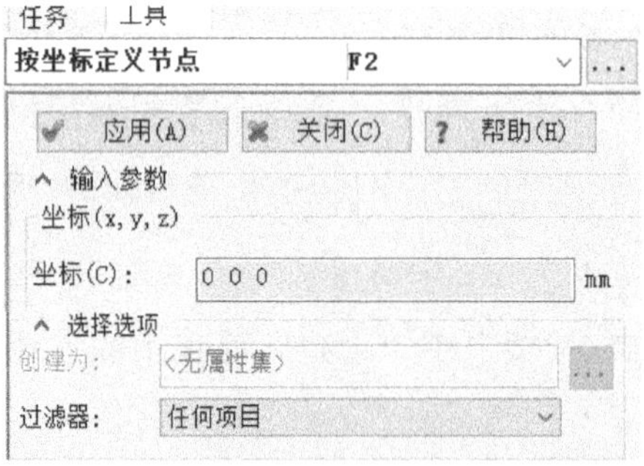

图 1-5-5 “按坐标定义节点”对话框

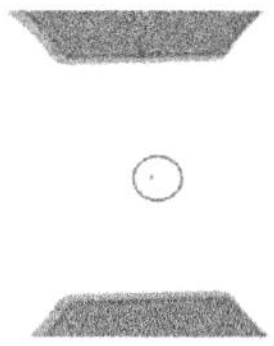

图 1-5-6 创建杯座浇注系统中心

2）创建为：允许创建模型实体的同时为其指定属性。例如：可以创建一条曲线并为其指定流道属性；可以创建一个区域并为其指定零件的表面属性。在某些情况下，可以选择“创建为建模实体”，而不指定任何属性。例如：创建用来构造一个区域的曲线，则使用此选项。必须为区域指定属性，但不需要为曲线指定属性。（提示：要更改实体的属性，可单击“更改”按钮。）

3）过滤器：“过滤器”有助于选择所需模型或网格实体。使用“过滤器”时，指针会捕捉到指定的实体。

（2）在坐标之间的节点　“在坐标之间的节点”命令用于在两个坐标之间的（假想）

直线上创建节点。通过"在坐标之间的节点"命令可在创建新模型或向现有模型执行添加操作的过程中创建节点。单击"几何"选项卡中的"在坐标之间的节点"按钮，打开图1-5-7所示的对话框。两个坐标不必位于现有曲线上，如果存在曲线，不必是直线。可以指定要在两个坐标之间创建的节点数，节点间的间距均匀。

对话框中各选项的含义如下。

1）第一坐标：指定要在其间创建新节点的两个坐标中的第一个坐标。可直接单击模型指定坐标，也可在文本框中输入坐标值。例如：输入杯座浇注系统中心的第一坐标为"0 10 0"。

2）第二坐标：指定要在其间创建新节点的两个坐标中的第二个坐标。可直接单击模型指定坐标，也可在文本框中输入坐标值。例如：输入杯座浇注系统中心的第二坐标为"0 -10 0"。

3）节点数：输入要在第一坐标和第二坐标之间的（假想）直线上创建的节点数。这些节点将均匀分布。杯座浇注系统中心的节点数为1，然后单击"应用"按钮，杯座浇注系统中心的节点如图1-5-6所示。

4）选择完成时自动应用：勾选此选项时，只要指定所有输入，所选命令便会自动应用到所选的网格单元。

（3）按平分曲线定义节点 "按平分曲线定义节点"命令用于在所选曲线上等间距创建指定数量的节点。"按平分曲线定义节点"命令可在创建新模型或向现有模型执行添加操作的过程中创建节点。单击"几何"选项卡中的"按平分曲线定义节点"按钮，打开图1-5-8所示对话框。选择图1-5-9所示的直线，"选择曲线"显示为"C1"，在"节点数"文本框中输入"4"，单击"应用"按钮，在曲线上创建了4个节点，如图1-5-10所示。可以在曲线末端创建节点，这些节点将包含在所指定的总节点数内。

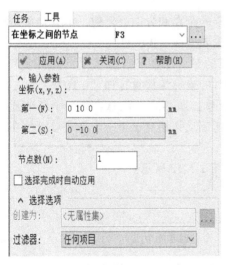

图1-5-7 "在坐标之间的节点"对话框

图1-5-8 "按平分曲线定义节点"对话框

图1-5-9 选择曲线

图1-5-10 创建4个节点

对话框中各选项的含义如下。

1）选择曲线：选择要以等间隔创建新节点的曲线。将光标移动到模型上进行框选，也可以单击现有的曲线，或者在文本框中输入曲线标识符，如"C1"。

2）节点数：输入要在所选曲线上以等间隔创建的节点数。注意：节点会自动创建在各个曲线的末端，即使在这些端点节点已存在。因此，如果设置节点数为"4"，将会在曲线的两个端点分别创建一个节点，并在端点之间以等间隔创建另外两个节点。

3）在曲线末端创建节点：此选项指定是否在曲线端点创建新节点。例如：勾选"在曲线末端创建节点"选项，并指定"节点数"为"4"，曲线将被3等分。创建的4个新节点为曲线的两个端点和沿曲线以等间隔创建的两个点。注意：如果取消勾选"在曲线末端创建节点"选项，并指定"节点数"为"4"，曲线将被5等分。创建的4个新节点为沿曲线以等间隔创建的4个点。

（4）按偏移定义节点 "按偏移定义节点"命令用于相对于现有基准坐标以指定的距离和方向创建新节点，可以相对于第一个节点以相同的距离和方向创建第二个新节点，然后相对于第二个节点以相同的距离和方向创建第三个新节点，以此类推。通过"按偏移定义节点"命令可在创建新模型或向现有模型执行添加操作的过程中创建节点。单击"几何"选项卡中的"按偏移定义节点"按钮，打开图1-5-11所示的对话框。

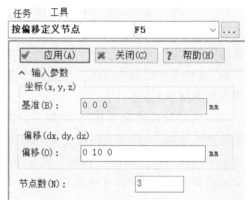

图1-5-11 "按偏移定义节点"对话框

对话框中各选项的含义如下。

1）基准坐标：基准坐标将用作创建新节点时的参考位置。第一个新节点将相对于基准坐标在指定的距离和方向处创建。可直接单击模型，选择杯座浇注系统的中心点，也可以在文本框中输入坐标"0 0 0"。

2）偏移矢量：偏移矢量可以指定相对于基准坐标的第一个新节点及相对于上一个节点的后续节点的距离和方向。在相应的文本框中输入相对的坐标偏移量，如"0 10 0"。

3）节点数：输入要在基准坐标偏移处创建的节点数，如"3"。注意：第一个新节点将相对于基准坐标定位在指定的距离和方向处。第二个新节点将相对于第一个新节点定位在指定的距离和方向处，以此类推。

设置完成后，单击"应用"按钮，创建的节点如图1-5-12所示。

图1-5-12 使用"按偏移定义节点"命令创建的节点

（5）按交叉定义节点 "按交叉定义节点"命令用于在两条曲线的各交叉点处创建节点。通过"按交叉定义节点"命令可在创建新模型或向现有模型执行添加操作的过程中创建节点。单击"几何"选项卡中的"按交叉定义节点"按钮，打开图1-5-13所示的对话框。

对话框中各选项的含义如下。

1）第一曲线和第二曲线：可用于选择定义区域边界的曲线。分别选择两条相交的曲线，新节点将创建在曲线的各个交叉点处。将光标移动到模型上进行框选，也可以单击现有的曲线，或者在相应文本框中输入曲线标识符，如"C1"。选择图1-5-14所示的两条曲线，在相交处可创建节点。

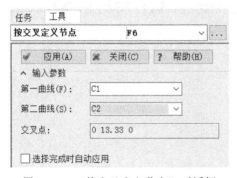

图1-5-13 "按交叉定义节点"对话框　　图1-5-14 使用"按交叉定义节点"命令创建节点

2）交叉点：指定两条曲线的交叉点。节点将在此交叉点处创建。节点的坐标为"0 13.33 0"。

3）选择完成时自动应用：在曲线末端创建节点时，勾选该选项可确保在创建完指定曲线后，在曲线的每个末端均创建一个节点。

2. 创建曲线

曲线是模型的组成部分，用来创建模型的几何线条。曲线可以是两点间的直线，也可以是由3点或更多点构成的曲线。曲线指定识别标签为字母C。每条曲线都有一个唯一的标识符（由字母C和其后面的数字组成）。当选择曲线时，标识符将列在选择列表中，如图1-5-15所示。

扫一扫微课

曲线的3种类型分别为：

1）直线。由两个端点或节点定义直线。

2）圆弧。由中心点、圆弧和角，或平面上的3个点定义圆形曲线的一部分。

3）样条曲线。是经过一系列给定点的光滑曲线。

（1）创建直线

1）创建杯座主流道直线。单击"几何"选项卡中"曲线"下拉菜单中的"创建直线"按钮，显示"创建直线"对话框，如图1-5-16所示。在"模型"窗口中选择起点，即选择浇注系统的中心点，或在"第一"文本框中输入起点的坐标"0 0 0"。根据终点坐标的指定方式，勾选"绝对"或"相对"，对于杯座，选用"相对"坐标。在"模型"窗口中选择

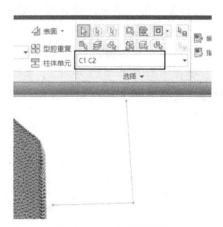

图1-5-15 曲线标识符

终点，或在"第二"文本框中输入终点的坐标"0 0 80"。勾选"自动在曲线末端创建节点"选项。单击"应用"按钮，创建的直线如图1-5-17所示。

2）创建杯座分流道直线。分流道直线的创建可重复以上步骤，第一坐标选择杯座模型的中心点，在相应文本框中输入"0 0 0"，第二坐标采用相对坐标，在"第二"文本框中输入"0 88 0"，单击"应用"按钮，创建图1-5-18所示的分流道直线。

3）创建杯座浇口直线。杯座浇口采用扇形侧浇口，重复以上操作步骤，第一坐标选择杯座的分流道直线末端点，或在"第一"文本框中输入"0 88 0"，勾选"相对"，在"第二"文本框中输入"0 3 0"，单击"应用"按钮，创建图 1-5-19 所示的浇口直线。

图 1-5-16 "创建直线"对话框

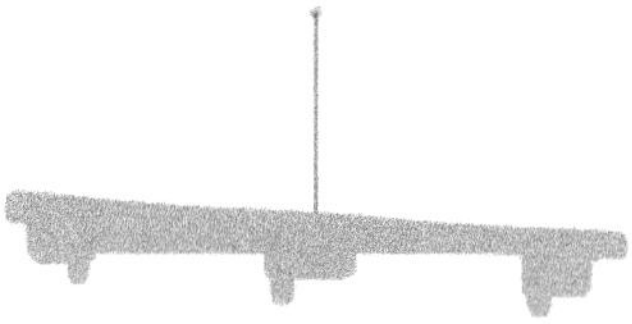

图 1-5-17 创建主流道直线

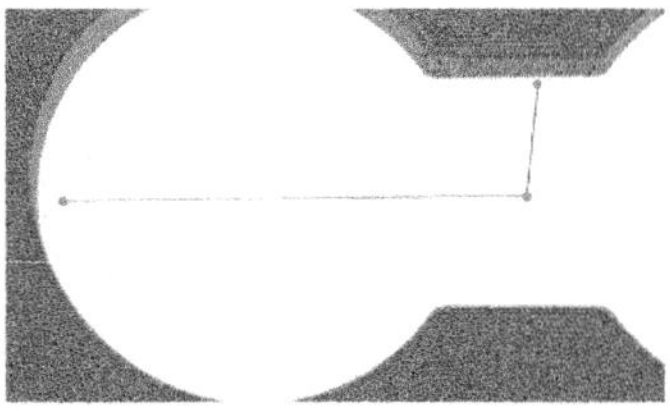

图 1-5-18 创建分流道直线

图 1-5-19 创建浇口直线

4）创建第二条分流道直线与第二条浇口直线。有两种方法：

① 使用"镜像"命令。单击"网格"选项卡中"移动"下拉菜单中的"镜像"按钮，显示"镜像"对话框，如图 1-5-20 所示。选择图 1-5-21 所示的分流道直线 C2 与浇口直线 C3，镜像平面选择"XZ 平面"，镜像参考点即对称中心，选择模型中心点或输入"0 0 0"，勾选"复制"和"复制到现有层"选项，单击"应用"按钮。"镜像"命令一般应用于对称模型。

图 1-5-20 "镜像"对话框

图 1-5-21 选择直线与参考点

② 使用"创建直线"命令。分流道不对称，在其"第二"文本框中，输入"0 -84 0"并勾选"相对"，在浇口的"第二"文本框中输入"0 -30"并勾选"绝对"，在这两条直线的"第一"文本框中均输入"0 0 0"，创建后的流道直线如图1-5-22所示。

（2）创建圆弧　创建圆弧的方法有两种，即分别使用"按点定义圆弧"命令和"按角度定义圆弧"命令。

1）"按点定义圆弧"创建圆弧。"按点定义圆弧"命令用于通过指定的3个点创建圆弧或圆。通过"按点定义圆弧"命令可在创建新模型或向现有模型执行添加操作的过程中创建曲线。单击"几何"选项卡中的"按点定义圆弧"按钮，打开图1-5-23所示的对话框，选择模型上的任意3个点，如图1-5-24所示，单击"应用"按钮，创建的圆弧如图1-5-25所示。

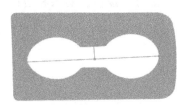

图1-5-22　流道直线

图1-5-23　"按点定义圆弧"对话框

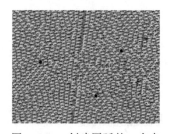

图1-5-24　创建圆弧的3个点

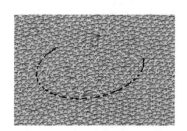

图1-5-25　"按点定义圆弧"创建的圆弧

2）"按角度定义圆弧"创建圆弧。"按角度定义圆弧"命令用于通过指定的中心点、半径、开始角度和结束角度创建圆弧或圆。通过"按角度定义圆弧"命令可在创建新模型或向现有模型执行添加操作的过程中创建曲线。单击"几何"选项卡中的"按角度定义圆弧"按钮，打开图1-5-26所示的对话框，选择模型上的任意一点，单击"应用"按钮，创建的圆弧如图1-5-27所示。

图1-5-26　"按角度定义圆弧"对话框

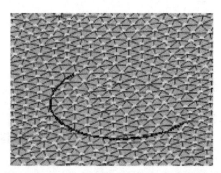

图1-5-27　"按角度定义圆弧"创建的圆弧

3. 设置流道直线属性与尺寸

（1）设置主流道直线属性与尺寸

1）选择主流道直线，该直线由深紫色变为粉红色。

2）单击"几何"选项卡中的"指定"按钮，显示"指定属性"对话框，如图1-5-28所示。

3）打开"新建"的下拉菜单，选择"冷主流道"，打开"冷主流道"对话框，如图1-5-29所示。在主流道形状的下拉列表中有"非锥体""锥体（由端部尺寸）"及"锥体（由角度）"3个选项，杯座应选择"锥体（由端部尺寸）"；单击"编辑尺寸"按钮，打开图1-5-30所示对话框，在"始端直径"文本框中输入"6"，在"末端直径"文本框中输入"3.5"，再单击"确定"按钮。

或者在选定直线后，单击右键菜单中的"更改属性类型"命令，弹出图1-5-31所示对话框，选择"冷主流道"，再单击"网格"选项卡中的"编辑"按钮，输入相应的冷流道尺寸参数即可。

图1-5-28　"指定属性"对话框

图1-5-29　"冷主流道"对话框

图1-5-30　"横截面尺寸"对话框

图1-5-31　"将属性类型更改为"对话框

（2）设置分流道直线属性与尺寸

1）选择第一条分流道直线，按<Ctrl>键可以同时选择第二条分流道直线，直线的颜色变为粉红色。

2）单击"几何"选项卡中的"指定"按钮，显示"指定属性"对话框，如图1-5-28

所示。

3）单击"新建"按钮，选择"冷流道"，打开"冷流道"对话框，如图 1-5-32 所示。在下拉列表中冷流道的截面形状有"圆形""半圆形""梯形""U 形""其它形状"及"矩形" 6 个选项，杯座的分流道截面形状选择非锥体的矩形；单击"编辑尺寸"按钮，打开图 1-5-33 所示对话框，在"宽度"文本框中输入"6"，在"高度"文本框中输入"4"，再单击"确定"按钮。

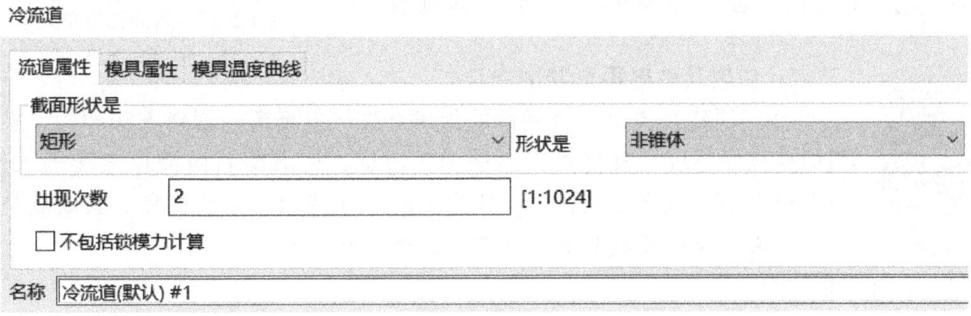

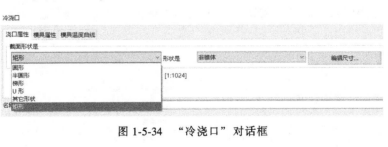

图 1-5-32 "冷流道属性"对话框

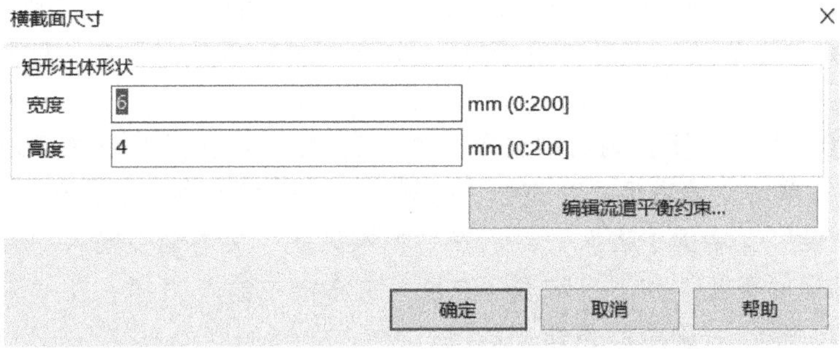

图 1-5-33 冷流道"横截面尺寸"对话框

（3）设置浇口直线属性与尺寸 操作步骤与设置分流道直线属性与尺寸一致，具体参数设置见图 1-5-34 和图 1-5-35。

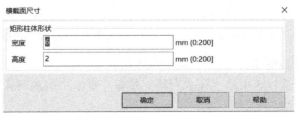

图 1-5-34 "冷浇口"对话框

图 1-5-35 冷浇口"横截面尺寸"对话框

4. 创建浇注系统网格

1）单击"网格"选项卡中的"生成网格"按钮，显示"生成网格"对话框，在"全局边长"文本框中输入"10"。

2）单击"立即划分网格"按钮，完成浇注系统的创建，如图1-5-36所示。

3）经过连通性诊断，杯座的浇注系统连通性较好。

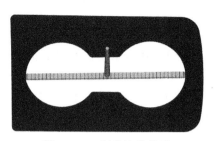

图1-5-36　划分流道单元

5. 创建其他截面形状的浇口

扫一扫微课

（1）创建直浇口　直浇口的创建方法与主流道的创建方法相同，多用于两板模浇注系统，其优点是不需加工流道，熔融塑料由浇口直接进入型腔，压力损失小，填充性能良好，成型制品尺寸精确，品质优良。其缺点是流道移除困难，浇口残痕明显，且浇口附近残余应力大。

（2）创建扇形浇口

1）选择浇口直线。

2）单击"几何"选项卡中的"指定"按钮，显示"指定属性"对话框。

3）单击"新建"按钮，选择"冷浇口"，打开"冷浇口"对话框。有两种方法创建扇形浇口。

① 在"截面形状是"下拉列表中选择"梯形"，在"形状是"下拉列表中选择"锥体（由端部尺寸）"；单击"编辑尺寸"按钮，打开图1-5-37所示对话框，在"始端顶部宽度"和"始端底部宽度"文本框中输入"6"，在"始端高度"文本框中输入"1.5"，根据流道的尺寸在"末端顶部宽度"和"末端底部宽度"文本框中输入"4"，在"末端高度"文本框中输入"2.5"，单击"确定"按钮。

② 在"截面形状是"下拉列表中选择"矩形"，在"形状是"下拉列表中选择"锥体（由端部尺寸）"；单击"编辑尺寸"按钮，在"始端宽度"文本框中输入"6"，在"始端高度"文本框中输入"1.5"，根据流道的尺寸在"末端宽度"文本框中输入"4"，在"末端高度"文本框中输入"2.5"，如图1-5-38所示，单击"确定"按钮。

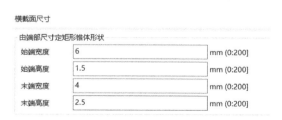

图1-5-37　采用梯形截面创建扇形浇口　　　　图1-5-38　采用矩形截面创建扇形浇口

4）划分浇口的网格单元。

① 单击"网格"选项卡中的"生成网格"按钮，显示"生成网格"对话框，在"全局边长"文本框中输入"3"。

② 单击"立即划分网格"按钮，完成扇形浇口的创建，如图1-5-39所示。

（3）创建薄片浇口

1）创建薄片浇口直线。单击"几何"选项卡中"曲线"下拉菜单中的"创建直线"按钮，显示图1-5-40所示的"创建直线"对话框。在"第一"文本框中输入起点的坐标"0 -87 0"。根据终点坐标的指定方式，勾选"相对"选项。在"模型"窗口中选择终点，或在"第二"文本框中输入终点的相对坐标"0 0 -5"。勾选"自动在曲线末端创建节点"选项。单击"应用"按钮，完成薄片浇口直线的创建，如图1-5-41所示。

扫一扫微课

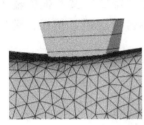  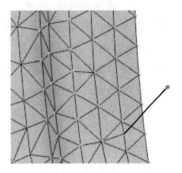

图1-5-39　扇形浇口　　图1-5-40　"创建直线"对话框　　图1-5-41　薄片浇口直线

2）赋予直线冷浇口的属性。选择浇口直线，直线的颜色变为粉红色。

3）单击"几何"选项卡中的"指定"按钮，显示"指定属性"对话框。

4）单击"新建"按钮，选择"零件柱体"，打开"零件柱体"对话框，如图1-5-42所示。在"截面形状是"下拉列表中选择"矩形"，在"形状是"下拉列表中选择"非锥体"；单击"编辑尺寸"按钮，打开图1-5-43所示对话框，根据流道的尺寸在"宽度"文本框中输入"3"，在"高度"文本框中输入"12"，单击"确定"按钮。

图1-5-42　"零件柱体"对话框

图1-5-43　零件柱体"横截面尺寸"设置

5）划分浇口的网格单元。

① 单击"网格"选项卡中的"生成网格"按钮，显示"生成网格"对话框，在"全局边长"文本框中输入"3"。

② 单击"立即划分网格"按钮，完成潜薄片浇口的创建，如图1-5-44所示。

（4）创建潜伏式浇口

1）创建潜伏式浇口直线。单击"几何"选项卡中的"创建直线"按钮，显示图1-5-45所示"创建直线"对话框。在"第一"文本框中输入起点的坐标"0 −86.5 −2.5"。根据终点坐标的指定方式，勾选"绝对"或"相对"，杯座选用"相对"坐标。在"模型"窗口中选择终点，或在"第二"文本框中输入终点的坐标"0 5 5"。勾选"自动在曲线末端创建节点"选项。单击"应用"按钮，潜伏式浇口直线如图1-5-46所示。

图1-5-45 "创建直线"对话框

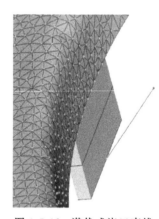

图1-5-46 潜伏式浇口直线

2）赋予直线"冷浇口"的属性。选择浇口直线，直线的颜色变为粉红色。

3）单击"几何"选项卡中的"指定"按钮，显示"指定属性"对话框。

4）单击"新建"按钮，选择"冷浇口"，打开"冷浇口"对话框，如图1-5-47所示。在"截面形状是"下拉列表中选择"圆形"，在"形状是"下拉列表中选择"锥体（由角度）"；单击"编辑尺寸"按钮，打开图1-5-48所示对话框，在"始端直径"文本框中输入"1.5"，在"锥体角度"文本框中输入"8"，单击"确定"按钮。

图1-5-47 设置浇口属性

图1-5-48 设置浇口尺寸

5）划分浇口的网格单元。

① 单击"网格"选项卡中的"生成网格"按钮，显示"生成网格"对话框，在"全局边长"文本框中输入"3"。

② 单击"立即划分网格"按钮，完成潜伏式浇口的创建，如图1-5-49所示。

图1-5-49　生成潜伏式
浇口网格

（5）创建点浇口

1）创建点浇口直线。单击"几何"选项卡中的"创建直线"按钮，显示图1-5-50所示"创建直线"对话框。在"第一"文本框中输入起点的坐标或在模型上选择位置合适的一点。勾选"相对"选项。在"模型"窗口中选择终点，或在"第二"文本框中输入终点的坐标"0 0 1"。勾选"自动在曲线末端创建节点"选项。单击"应用"按钮，创建的点浇口直线如图1-5-51所示。

2）赋予直线"冷浇口"的属性。选择点浇口直线，直线的颜色变为粉红色。

3）单击"几何"选项卡中的"指定"按钮，显示"指定属性"对话框。

4）单击"新建"按钮，选择"冷浇口"，打开"冷浇口"对话框。在"截面形状是"下拉列表中选择"圆形"，在"形状是"下拉列表中选择"锥体（由角度）"；单击"编辑尺寸"按钮，打开"横截尺寸"对话框，在"始端直径"文本框中输入"1.5"，在"锥体角度"文本框中输入"8"，单击"确定"按钮。

图1-5-50　"创建直线"对话框

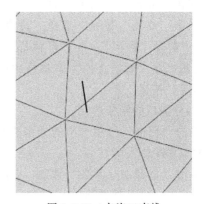

图1-5-51　点浇口直线

5）划分点浇口的网格单元。

① 单击"网格"选项卡中的"生成网格"按钮，显示"生成网格"对话框，在"全局边长"文本框中输入"1"。

② 单击"立即划分网格"按钮，完成点浇口的创建，如图1-5-52所示。

（6）创建牛角浇口

1）创建牛角浇口圆弧曲线。单击"几何"选项卡中

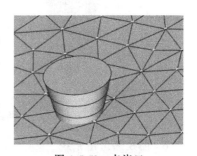

图1-5-52　点浇口

的"按偏移定义节点"按钮,显示图1-5-53所示"按偏移定义节点"对话框。在"基准"文本框中输入起点的坐标或在模型上选择位置合适的一点。在"偏移"文本框中输入节点偏移的矢量"12 0 0",使牛角浇口端点落在分型面上。单击"应用"按钮,生成牛角浇口曲线的末端端点。继续选择起点坐标作为"基准",在"偏移"文本框中输入节点偏移的矢量"5 0 -5",单击"应用"按钮,生成牛角浇口曲线的第3个点。

单击"几何"选项卡中的"按点定义圆弧"按钮,显示图1-5-54所示"按点定义圆弧"对话框。先选择基准坐标作为牛角浇口的起始点,再依逆时针方向选择另外两个偏移的节点,单击"应用"按钮,生成的牛角浇口的圆弧曲线如图1-5-55所示。

图1-5-53 创建节点

图1-5-54 创建圆弧

2)赋予曲线"冷浇口"的属性。选择浇口曲线,曲线的颜色变为粉红色。

3)单击"几何"选项卡中的"指定"按钮,显示"指定属性"对话框。

4)单击"新建"按钮,选择"冷浇口",打开"冷浇口"对话框。在"截面形状是"下拉列表中选择"圆形",在"形状是"下拉列表中选择"锥体(由角度)";单击"编辑尺寸"按钮,在"始端直径"文本框中输入"1.2",在"锥体角度"文本框中输入"8",单击"确定"按钮。

5)划分浇口的网格单元。

①单击"网格"选项卡中的"生成网格"按钮,显示"生成网格"对话框,在"全局边长"文本框中输入"1"。

②单击"立即划分网格"按钮,完成牛角浇口的创建,如图1-5-56所示。

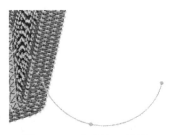

图1-5-55 牛角浇口曲线

图1-5-56 牛角浇口

6. 创建热流道系统

热流道系统的曲线创建过程与冷流道系统相同,将相应曲线的属性指定为"热主流道"

"热流道"与"热浇口"。

（1）设置热主流道属性

1）选择图1-5-57所示的热主流道直线，直线的颜色变为粉红色。

扫一扫微课

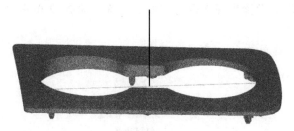

图1-5-57　选择热主流道直线

2）单击"网格"选项卡中的"指定"按钮，显示"指定属性"对话框。

3）单击"新建"按钮，选择"热主流道"，打开图1-5-58所示的"热主流道"对话框。在"截面形状是"下拉列表中选择"圆形"，在"形状是"下拉列表中选择"锥体（由端部尺寸）"；打开"编辑尺寸"对话框，在"始端直径"文本框中输入"6"，在"末端直径"文本框中输入"3.5"，如图1-5-59所示，单击"确定"按钮。其他参数默认。单击"确定"按钮，热主流道直线的颜色变成红色。

图1-5-58　"热主流道"对话框

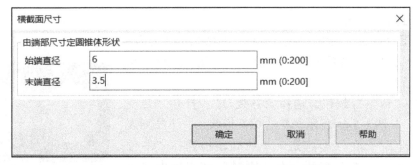

图1-5-59　"横截面尺寸"对话框（热主流道）

（2）设置热分流道属性

1）选择图1-5-60所示的热分流道直线，直线的颜色变为粉红色。

2）单击"网格"选项卡中的"指定"按钮，显示"指定属性"对话框。

3）单击"新建"按钮，选择"热流道"，打开"热流道"对话框，如图1-5-61所示。

在"截面形状是"下拉列表中有"圆形""环形""半圆形""梯形""U形""其它形状"及"矩形"7个选项。杯座的分流道截面形状选择"非锥体"的"半圆形"。单击"编辑尺寸"按钮，在"直径"文本框中输入"6"，在"高度"文本框中输入"3"，如图1-5-62所示，单击"确定"按钮。设置出现次数为"2"，其余参数默认单击"确定"按钮。热分流道直线的颜色变成红色。

也可通过单击右键菜单中的"更改属性类型"，或单击"网格"选项卡中的"编辑"按钮，输入相应的参数。

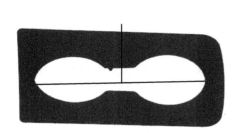

图1-5-60　选择热分流道直线

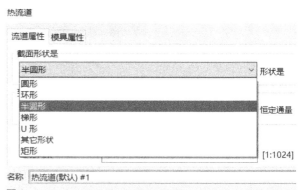

图1-5-61　"热流道"对话框

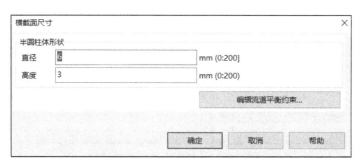

图1-5-62　"横截面尺寸"对话框

（3）设置热浇口属性

1）选择图1-5-63所示的热浇口直线，直线的颜色变为粉红色。

2）单击"网格"选项卡中的"指定"按钮，显示"指定属性"对话框。

3）单击"新建"按钮，选择"热浇口"，打开"热浇口"对话框，如图1-5-64所示。在"截面形状是"下拉列表中选择"半圆形"，在"形状是"下拉列表中选择"非锥体"；单击"编辑尺寸"按钮，在"直径"文本框中输入"3"，在"高度"文本框中输入"2"，如图1-5-65所示，单击"确定"按钮。设置出现次数为"2"，其余参数默认，单击"确定"按钮。热浇口直线的颜色变成红色。

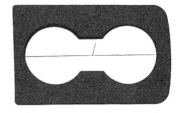

图1-5-63　选择热浇口直线

（4）生成热流道系统网格

1）单击"网格"选项卡中的"生成网格"按钮，显示"生成网格"对话框，在"全

图 1-5-64　"热浇口"对话框

局边长"文本框中输入"10"。

2）单击"立即划分网格"按钮，完成热流道系统的创建，如图 1-5-66 所示。

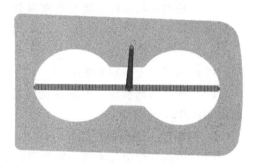

图 1-5-65　"横截面尺寸"对话框

图 1-5-66　热流道系统

1.5.3　导入曲线创建浇注系统

扫一扫微课

当模具原始设计的浇注系统比较复杂时，在 Moldflow 中无法用向导生成，而采用创建节点和曲线的方式会比较复杂，容易出错。为了减少错误和提高效率，可直接在 UG 等三维建模软件中创建浇注系统中心线，以".igs"的格式将中心线导出，再添加到 Moldflow 的模型中。

1. 导入浇注系统曲线

打开杯座模型文件，单击"主页"选项卡中的"添加"按钮，打开图 1-5-67 所示的对话框；选择要添加的模型文件"liudaozhixian.igs"，单击"打开"，显示图 1-5-68 所示的"导入"对话框，导入模型的网格类型与杯座模型的相同，为"双层面"网格；单击"确定"按钮，导入后如图 1-5-69 所示。

2. 曲线属性设置及生成网格

主流道、分流道与浇口曲线的属性与尺寸设

图 1-5-67　选择"liudaozhixian.igs"文件

置，对几何体进行网格划分与手动创建浇注系统的方法相同。

图 1-5-68　导入流道直线模型

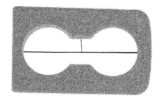

图 1-5-69　导入浇注系统曲线

1.5.4　任务训练

1. 填空题

（1）注射模的浇注系统是指塑料熔体从_____喷出后到达模腔之前在模具中所流经的通道。

（2）浇注系统分为_____浇注系统和_____浇注系统两大类。

（3）曲线指定识别标签为"_____"。

（4）在三维建模软件中创建浇注系统中心线，以_____的格式将中心线导出，再添加到 Moldflow 的模型中。

2. 判断题，正确的在括号内打"√"

（1）手动创建浇注系统，曲线可以直接生成网格。　　　　　　　　　　　（　　）

（2）每条曲线都有一个唯一的标识符，由字母 C 和其后面的数字组成。　（　　）

（3）导入曲线创建浇注系统，其网格类型为默认的。　　　　　　　　　（　　）

（4）手动创建浇注系统时，必须勾选"重新划分网格"。　　　　　　　　（　　）

（5）Moldflow 软件可以根据用户要求自动创建多种形式浇口。　　　　　（　　）

（6）Moldflow 软件不能创建热流道浇注系统。　　　　　　　　　　　　（　　）

3. 操作题

打开 Moldflow 软件，导入素材包操作题 5 的模型，如图 1-5-70 所示，完成以下操作：

（1）采用手动创建及导入曲线的方法创建杯座与仪表盒的浇注系统。

（2）练习手动创建点浇口、潜伏式浇口、牛角浇口与扇形浇口。

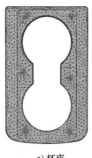

a) 杯座

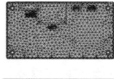

b) 仪表盒

图 1-5-70　练习模型

任务6　设置注射位置

合理的注射位置是保证注射成型质量的前提。在 Moldflow 分析软件中，流道创建后必须要设置注射位置才能进行相关模拟分析，否则"方案任务"窗口中的"开始分析"显示为灰色，如图 1-6-1 所示。

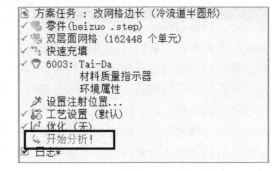

图 1-6-1　未设置注射位置

1.6.1　注射位置的设置

单击"主页"选项卡中的"注射位置"按钮，或双击"方案任务"窗口中的图标 🖋，鼠标光标变为图 1-6-2 所示图标，选择图 1-6-3 所示的主流道节点作为注射位置。

图 1-6-2　"注射位置"选择图标

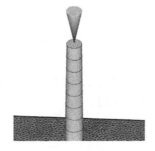

图 1-6-3　选择注射位置

扫一扫微课

1.6.2　任务训练

打开 Moldflow 软件，导入素材包操作题 6 的模型，如图 1-6-4 所示，练习设置注射位置。

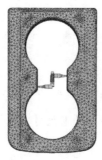

a) 杯座

b) 仪表盒

图 1-6-4　练习模型

任务7　创建冷却系统

冷却水路设计的合理性会直接影响产品的表面质量、残余应力、结晶度、变形及成本等。冷却时间约占成型周期的80%，因此，要控制成型周期并提高产能，加快制品冷却是至关重要的。熔融塑料在高温下被注入型腔后，需要经历从高温到室温的冷却过程，在这期间熔融塑料会释放出大量的热。如果熔融塑料在型腔内自然冷却至顶出温度，需要一个很长的过程。可用低于模温的冷却液通过型芯，将型芯的热量带出模具，从而加快制品的冷却速度。但对于形状复杂的制品，由于冷却受限和冷却速度不均等因素，很容易造成各部位的特征产生收缩上的差异。不合理的冷却液温度和冷却时间还会影响内应力的释放，从而影响制品的外观、尺寸精度和力学性能。因此，需要在型腔内合理开设冷却管道，加强热量集中部位的冷却，对热量产生少的部位进行缓冷，尽量实现均匀冷却。利用Moldflow可分析型腔冷却管道的冷却效率和冷却效果。

扫一扫微课

1.7.1　自动创建冷却系统

Moldflow拥有自动排布冷却水路的功能，给用户排布水路提供了极大的方便。水路排布完成后，只需要做一些调整即可。在排布水路前，应查看型腔的布局，以防水路和其他零部件发生干涉。

1）旋转模型，使模型的定向与在模具型腔内的定向相同。冷却回路排布向导只能排布位于X-Y平面内的水路。

2）单击"几何"选项卡中的"冷却回路"按钮，打开"冷却回路向导-布局"对话框，如图1-7-1所示。选项设置如下：

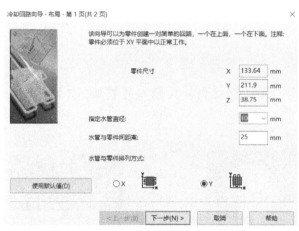

图1-7-1　"冷却回路向导-布局"对话框

① "零件尺寸"分别显示杯座模型在3个轴向的最大外形尺寸。

② 在"指定水管直径"文本框中输入"10"。

③ 在"水管与零件间距离"文本框中输入"25"。

④ "水管与零件排列方式"选项组中有两个选项。第一个是冷却管道与X轴平行，第二个是冷却管道与Y轴平行。

⑤ 单击"使用默认值"按钮，系统会根据产品尺寸给出默认的冷却管道设置参数。如果参数更改后需要重新使用默认值，可单击此按钮。

3）单击"下一步"，进入对话框的第 2 页，如图 1-7-2 所示。选项设置如下：

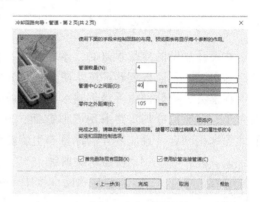

① 在"管道数量"文本框中输入管道的数量"4"。动模与定模中的冷却管道数量可能并不相同，这时可以优先排布利用"冷却回路"命令就可以完成雏形水路的那一侧，另外一侧手动进行调整。

② 在"管道中心之间距"文本框中输入"40"。

③ "零件之外距离"指冷却管道向产品外延伸的距离，根据成型部分和模板的尺寸决定，在其文本框中输入"105"。

图 1-7-2　"冷却回路向导-管道"对话框

④ "预览"用于显示冷却管道在设定的参数下排布的效果，如图 1-7-3 和图 1-7-4 所示。

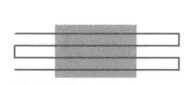

图 1-7-3　冷却管道与 Y 轴平行

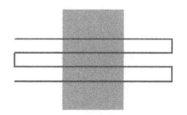

图 1-7-4　冷却管道与 X 轴平行

⑤ 勾选"首先删除现有回路"选项。"冷却回路"命令可以自动确定模具的中心位置，既可以用于创建雏形水路，也可以辅助创建某一区域的水路。在使用"冷却回路"命令时，若勾选此选项，会保留以前创建的水路；不勾选此选项，则会删除以前创建的水路，只保留本次创建的水路。辅助创建水路时，一定不要勾选此选项。

⑥ 勾选"使用软管连接管道"选项。即用软管将水路末端连接起来，只用于串联水路。软管是另外一种杆单元，单独创建时需要赋予其相应属性。

4）单击"完成"按钮，创建完成的冷却回路如图 1-7-5 和图 1-7-6 所示。

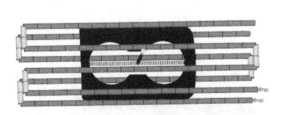

图 1-7-5　冷却管道与 Y 轴平行

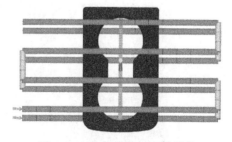

图 1-7-6　冷却管道与 X 轴平行

利用"冷却回路"命令创建的水路会被系统自动归入水路层中，定模部分和动模部分的水路分别放入不同的层中，方便以后进行编辑。由冷却回路向导排布的结果可以看出，在

Moldflow 中，只需创建出有效的冷却液流经途径即可，冷却液不通过的钻孔部分不需要表现出来。

1.7.2　手动创建冷却系统

在设计复杂的冷却水路时，不能使用"冷却回路"命令自动创建水路，而需要手动创建冷却水路。下面以创建杯座水路为例，介绍如何手动创建水路。

在模流分析软件中手动创建水路时，应先根据水路设计原则确定冷却水路的形状、位置与大小。杯座的冷却水路采用圆形截面，其直径凭经验确定，为 8mm，冷却水路的分布与制作轮廓相吻合，且应避开制件易产生熔接痕的部位，以消除熔接痕的形成。

1. 创建水路曲线

扫一扫微课

（1）创建水路直线 1　单击"几何"选项卡中的"创建直线"按钮，打开图 1-7-7 所示的对话框。第一坐标点为直线起点，在"第一"文本框中输入"45 90 30"，第二坐标点采用相对坐标，在"第二"文本框中输入"0 −180 0"，单击"应用"按钮，创建图 1-7-8 所示的水路直线 1。

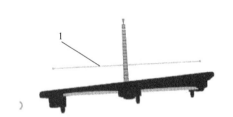

　　图 1-7-7　"创建直线"对话框　　　　　　　图 1-7-8　创建直线 1

（2）创建水路直线 2　单击"几何"选项卡中的"镜像"按钮，打开图 1-7-9 所示的对话框。选择创建的第一条水路直线（包括直线节点），镜像平面选择"YZ 平面"，将直线 1 复制到现有层，如图 1-7-10 所示。

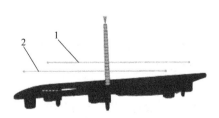

　　图 1-7-9　"镜像"对话框　　　　　　　　图 1-7-10　创建直线 2

（3）创建水路直线 3、4　使用"创建直线"命令，连接水路直线 1 的节点与水路直线

2 的节点，创建水路直线 3 与直线 4，如图 1-7-11 所示。

（4）创建水路直线 5　打开"创建直线"对话框，如图 1-7-12 所示，在"第一"文本框中输入"45 30 30"，勾选"相对"，在"第二"文本框中输入"0 0 30"，单击"应用"按钮，创建直线 5，如图 1-7-11 所示。

（5）创建水路直线 6　打开"创建直线"对话框，如图 1-7-13 所示，起点选择直线 5 的终点，勾选"相对"，在"第二"文本框中输入"100 0 0"，单击"应用"按钮，创建直线 6，如图 1-7-14 所示。

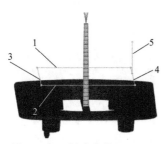

图 1-7-11　创建直线 3、4、5

图 1-7-12　"创建直线"对话框

图 1-7-13　"创建直线"对话框

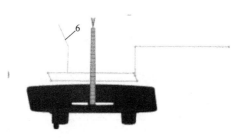

图 1-7-14　创建直线 6

（6）创建直线 7、8　单击"几何"选项卡中的"镜像"按钮，打开图 1-7-15 所示的"镜像"对话框，选择直线 5、6（包括直线节点），镜像平面选择"XZ 平面"，将直线 5、6 复制到现有层，完成创建直线 7、8，如图 1-7-16 所示。

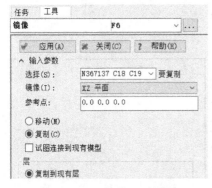

图 1-7-15　"镜像"对话框

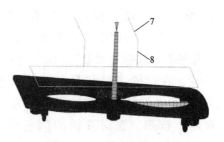

图 1-7-16　创建直线 7、8

（7）用直线5断开直线2　单击"几何"选项卡中的"断开曲线"按钮，打开图1-7-17所示的对话框，设置"第一曲线"和"第二曲线"分别为图1-7-18所示的直线5、2，单击"应用"按钮，用直线5将直线2在节点处断开。

（8）用直线8断开直线2　设置"第一曲线"和"第二曲线"分别为图1-7-19所示的曲线8、2，单击"应用"按钮，用直线8将直线2在节点处断开。

（9）删除中间直线　选择直线5与直线8之间被断开的直线并删除，水路曲线如图1-7-20所示。

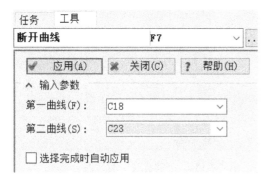

图1-7-17　"断开曲线"对话框

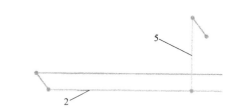

图1-7-18　用直线5断开直线2

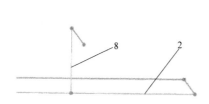

图1-7-19　用直线8断开直线2

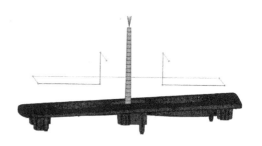

图1-7-20　删除中间直线

2. 设置管道属性与尺寸

1）选择管道直线（采用<Ctrl>键可以同时选择多条直线）。

2）单击"网络"选项卡中的"指定"按钮，显示"指定属性"对话框，如图1-7-21所示。

3）单击"新建"按钮，选择"管道"，打开"管道"对话框，如图1-7-22所示。在"截面形状是"下拉列表中选择"圆形"，在"直径"文本框中输入"8"，在"管道热传导系数"文本框中输入"1"，在"管道粗糙度"文本框中输入"0.05"，单击"确定"按钮，管道直线的颜色变成蓝色，如图1-7-23所示。

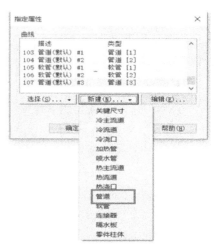

图1-7-21　"指定属性"对话框

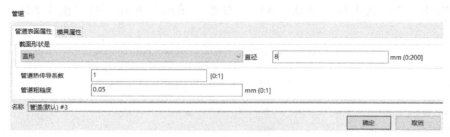

图 1-7-22　"管道"对话框

3. 创建浇注系统网格

1）单击"网格"选项卡中的"生成网格"按钮，显示"生成网格"对话框，在"全局边长"文本框中输入"10"。

2）单击"立即划分网格"按钮，完成水路的创建。管道的颜色为深蓝色，如图 1-7-24 所示。

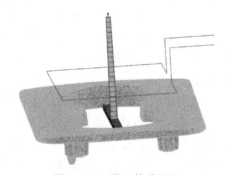

图 1-7-23　设置管道属性

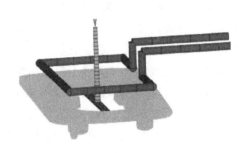

图 1-7-24　水路

4. 设置冷却液入口

冷却管道创建完成后，需设置冷却液入口，赋予冷却液属性，如冷却液的类型和温度等。

扫一扫微课

1）单击"边界条件"选项卡中的"冷却液入口"按钮，打开"设置冷却液入口"对话框，如图 1-7-25 所示。默认的冷却液属性设置有两种，还可以新建和编辑冷却液属性。

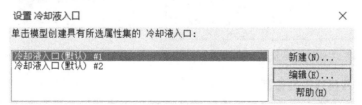

图 1-7-25　"设置冷却液入口"对话框

① 单击"新建"按钮，可新建冷却液属性，用于模具上有多种冷却液类型或多种不同冷却液温度时。

② 单击"编辑"按钮，可编辑冷却液的属性。

2）选择"冷却液入口（默认）#1"，单击"编辑"按钮，打开图 1-7-26 所示的对话框。

图 1-7-26 "冷却液入口"对话框

① 在"冷却介质"下拉列表中可选择冷却液的种类。单击"选择"按钮，将打开图 1-7-27 所示的对话框，选择冷却液，如水或油。单击"编辑"按钮，可查看或更改冷却液的属性。

② 在"冷却介质控制"下拉列表中可选择对冷却液的控制方法。常用的方法是"指定的雷诺数"，即通过设定雷诺数值控制冷却液的紊流状态。在冷却分析中，系统会根据设定的雷诺数，计算出需要的冷却液的流动速率，使冷却液在流动的过程中保持紊流状态。如果采用纯水作为冷却介质，系统默认的雷诺数为 10000，既可以保证冷却液处于良好的紊流状态，提高热传递效率，又不至于使液压泵消耗过高的能量。

③ 在"冷却介质入口温度"文本框中可以设置冷却液的温度，如常温或其他适宜的温度。

④ "名称"文本框中的内容默认为图 1-7-25 中的文本框里的名称，也可以进行修改。

3）参数设置完成后，单击"确定"按钮，鼠标光标变成十字光标，单击所有属性相同的冷却管道的入口，冷却液入口设置结果如图 1-7-28 所示。注意：每一条冷却回路只能有一个冷却液入口。

图 1-7-27 "选择冷却介质"对话框

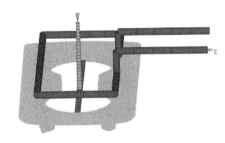

图 1-7-28 冷却液入口

5. 冷却水路网格连通性诊断

单击"网格"选项卡中的"连通性"按钮，打开"连通性诊断"对话框。任意选择冷却水路上的一个单元，所选单元显示在"从实体开始连通性检查"文本框中，单击"显示"按钮。图 1-7-29 所示为以图形表示的连通性诊断结果，杯座定模部分的冷却水路网格连通性较好。

6. 创建动模部分冷却水路

1）单击"网格"选项卡中的"镜像"按钮，打开图 1-7-30 所示的对话框。

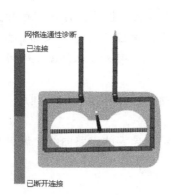

图 1-7-29　网格连通性诊断

图 1-7-30　"镜像"对话框

2）选择已创建的冷却水路，选择时使用"属性"命令，如图 1-7-31 所示，打开"按属性选择"对话框，如图 1-7-32 所示，设置"按实体类型"为"柱体单元"，"按属性"为"管道"（注意：当选择两个或两个以上的属性时，按<Ctrl>键），勾选"同时选择相关联的节点"选项，单击"确定"按钮。

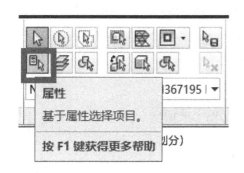

图 1-7-31　按"属性"选择

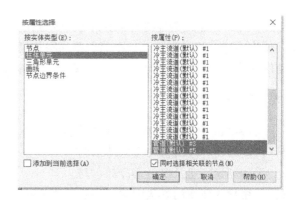

图 1-7-32　"按属性选择"对话框

3）设置"镜像"为"XY 平面"。

4）设置"参考点"为"0 0 0"。

5）勾选"复制"和"复制到现有层"选项，单击"应用"按钮，水路创建的结果如图 1-7-33 所示。

1.7.3　导入曲线创建冷却系统

当模具原始设计的冷却系统比较复杂时，如喷泉式水路等走向复杂的冷却水道，在 Moldflow 中无法用"冷却回路"命令生成，而采用创建节点和曲

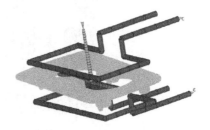

图 1-7-33　冷却水路

线的方式则会比较复杂，容易出错，为了减少错误和提高效率，可直接用 UG 在模具装配图中创建各段冷却水道的中心线，再以".igs"的格式将中心线导出，并添加到 Moldflow 的模型中。

1. 导入冷却水路曲线

打开杯座模型文件,单击"主页"选项卡中的"添加"按钮,打开"选择要添加的模型"对话框;选择导出的".igs"格式的中心线文件,单击"打开"按钮,弹出"导入"对话框;网格类型默认为"双层面",单击"确定"按钮,导入结果如图1-7-34所示。

2. 编辑曲线

导入完成后,有些线段是多余的,必须先进行简化。以杯座为例,利用"断开曲线"命令将突出的曲线打断后并删除。

单击"几何"选项卡中的"断开曲线"按钮,编辑导入的水路曲线,编辑后的水路曲线如图1-7-35所示。

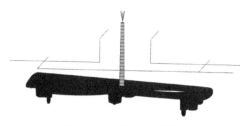 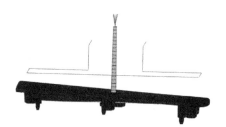

图1-7-34 导入水路曲线   图1-7-35 编辑后水路曲线

重复1.7.2中手动创建冷却回路中设置水路曲线属性、管道属性与尺寸和冷却液入口的操作,创建冷却水路网格并进行冷却水路网格连通性诊断。

动模部分冷却水路的创建可使用"镜像"命令完成。

1.7.4 任务训练

打开Moldflow软件,选择素材包操作题7的模型,如图1-7-36所示,完成以下任务:

1) 自动创建杯座及仪表盒冷却水路。

2) 手动创建杯座及仪表盒冷却水路。

3) 采用导入曲线的方法创建杯座及仪表盒冷却水路。

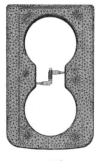   

a) 杯座   b) 仪表盒

图1-7-36 练习模型

项目2 模 流 分 析

【任务导入】

应用项目一创建的杯座网格模型，如图 2-0-1 所示，完成以下任务：

1）进行浇口位置分析，解释模流分析结果，形成浇口位置分析报告，并提出杯座浇口位置设置方案。

2）进行快速充填分析，解释模流分析结果，形成快速充填分析报告，并应用分析结果提出解决成型缺陷的方案。

3）进行成型窗口分析，解释模流分析结果，形成成型窗口分析报告，并应用分析结果指导或优化注射成型工艺。

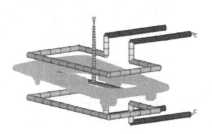

图 2-0-1 杯座网格模型

4）进行流动分析，解释模流分析结果，形成流动分析报告，并应用分析结果指导或优化杯座浇注系统设计。

5）进行冷却分析，解释模流分析结果，形成冷却分析报告，并应用分析结果指导或优化杯座冷却水路设计。

6）进行翘曲分析，解释模流分析结果，形成翘曲分析报告，并应用分析结果提出改善翘曲变形的方案。

任务1 浇口位置分析

注射模的浇口是浇注系统中非常重要的部分。浇口的位置、形状、数量和尺寸大小对塑料熔体的流动阻力、流动速度和流动状态都有直接的影响，对于塑件能否注射成型起着很大的作用。浇口的特性及作用主要体现在以下几方面：

1）浇口是浇注系统最后的部分，是熔体进入型腔经过的最狭窄的部分，其尺寸狭小且短（0.125mm），目的是使由分流道流进的熔体产生加速度，熔体经过浇口时，因剪切和挤压作用使熔体温度升高。

2）浇口改变熔体流动方向，形成理想的流动状态而充满型腔。

3）浇口能很快冷却封闭，以防止熔体倒流。

4）在多型腔模具中，通过调节浇口的尺寸，可使非平衡布置的型腔实现同时进料，还可以用来控制熔接痕在塑件中的位置，从而提高产品成型质量。

5）浇口便于注射成型后塑件与浇口凝料分离。

在应用 Moldflow 软件时，如果不在模型上设定任何浇口，其分析结果仅显示放置单个浇口的最佳位置。如果已经设定一个浇口或多个浇口，在模具设计阶段可借助模流分析软件强大的分析能力，综合考虑流动阻力和流动平衡。再给出一个额外的浇口位置，可以保证流动的平衡性。合理地设计模具结构和浇口位置，可避免一些潜在的问题，提高一次试模成功的概率，缩短产品的设计和生产周期，降低生产成本。

2.1.1 浇口位置分析设置

扫一扫微课

1.1 个浇口位置的分析设置

1）打开杯座网格模型，材料选择制造商为 Tai-Da，牌号为 6003 的 ABS。

2）双击"方案任务"窗口中的"工艺设置"，打开图 2-1-1 所示的对话框，进行工艺参数设置。设置"注塑机"为"默认注射成型机"，"模具表面温度"为"50"，"熔体温度"为"230"。运行浇口位置分析时，可在"浇口定位器算法"中选择"高级浇口定位器"或"浇口区域定位器"，默认选项为"高级浇口定位器"。

"浇口区域定位器"算法基于零件的几何形状、流动阻力、厚度及成型可行性等条件来确定和推荐合适的注射位置。"浇口区域定位器"算法可生成浇口位置分析结果。虽然使用"浇口区域定位器"算法的浇口位置分析会找出最佳注射位置，但不要只根据浇口位置结果进行相关设计，应该始终注意全面分析。如果未设置注射位置，则该算法会在考虑全部标准的基础上推荐最佳注射位置。如果存在注射位置，则该算法会寻找下一个可实现平衡填充的最佳注射位置，以使从各个浇口填充的区域能够同时填满。评级最高（最佳）的位置标识为蓝色，而不合适（最差）的位置标识为红色。

选择"高级浇口定位器"时，需要设置浇口数量；选择"浇口区域定位器"时，不需要设置浇口数量。杯座首次进行浇口位置分析时应选择"高级浇口定位器"，"浇口数量"设置为"1"，单击"确定"。

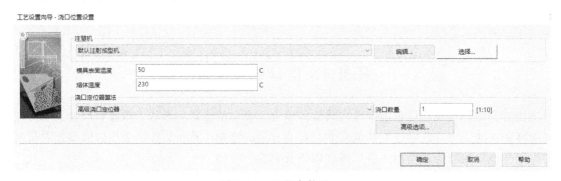

图 2-1-1　工艺参数设置

3）双击"方案任务"窗口中的✓✏，打开"选择分析序列"对话框，如图 2-1-2 所示，选择"浇口位置"，单击"确定"。

4）双击"方案任务"窗口中的"开始分析"，打开"选择分析类型"对话框，如图 2-1-3 所示，系统默认进行全面分析，用户可以根据实际情况选择是否进行"仅检查模型参数"的分析，单击"确定"，分析正式开始。

5）勾选"方案任务"窗口中的"日志"或单击"主页"选项卡中的"日志"按钮，将在模型显示窗口下方显示"分析日志"选项卡，如图2-1-4所示，可以查看最佳浇口位置分析的进度。当分析结束后，显示"分析结束"对话框，单击"确定"。

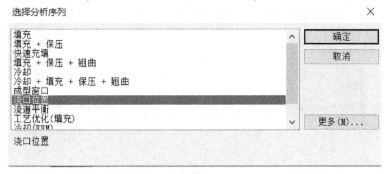

图 2-1-2 选择分析序列

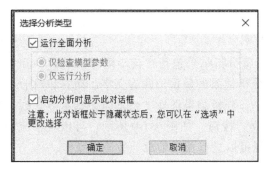

图 2-1-3 "选择分析类型"对话框

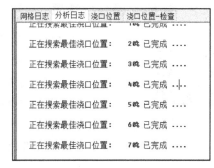

图 2-1-4 分析日志

2. 根据现有浇口位置，分析1个最佳浇口位置的设置

根据一般模具设计原则，杯座需要采用两个侧浇口。先设置第1个浇口位置，如图2-1-5所示，然后可以通过Moldflow软件分析第2个可实现平衡填充的最佳浇口位置，以使从两个浇口填充的区域能够同时被填满。

扫一扫微课

分析第2个最佳浇口位置时，具体的设置方法为：打开"工艺设置向导-浇口位置设置"对话框，将"浇口定位器算法"设置为"浇口区域定位器"，如图2-1-6所示，其他设置与1个浇口位置的分析设置相同。

图 2-1-5 设置第1个浇口位置

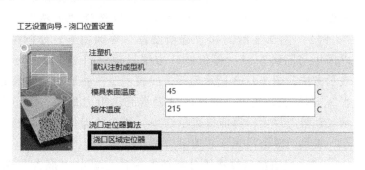

图 2-1-6 设置"浇口定位器算法"

3. 分析 2 个或 2 个以上浇口位置的设置

当运用 Moldflow 软件分析两个或两个以上的浇口位置时，只需要在打开的"工艺设置向导-浇口位置设置"对话框中，将"浇口数量"设置为"2"或所需的浇口数量，如图 2-1-7 所示，其他设置方法与 1 个浇口位置的分析设置相同。

图 2-1-7　设置"浇口数量"

2.1.2　浇口位置分析结果

1.1 个浇口位置的分析结果

当只有 1 个浇口时，浇口位置分析结果包括"流动阻力指示器"和"浇口匹配性"，如图 2-1-8 所示，分析结果的呈现形式有文字、动画和图形。

（1）查看浇口位置分析结果　分析结果选择"流动阻力指示器"时，单击"结果"选项卡，单击"播放"按钮，如图 2-1-9 所示，可以观察流动阻力情况，如图 2-1-10 所示。动画可以进行循环播放、暂停等操作。

图 2-1-8　浇口位置分析结果

图 2-1-9　"动画"面板

单击"结果"选项卡中的"图形属性"按钮，打开"图形属性"对话框，如图 2-1-11 所示，可以选择"方法""动画""比例""网格显示"和"选项设置"等选项卡。分析结果图可以采用"阴影"或"等值线"方法呈现，图 2-1-12 所示为阴影表示方法，图 2-1-13 所示为等值线表示法。一般默认方式是"阴影"。阴影表示法中，蓝色区域表示流动阻力最小，红色区域表示流动阻力最大；等值线表示法中，稀疏的等值线表示流动阻力小，密集的等值线表示流动阻力大。

（2）生成浇口位置的分析结果报告　单击"报告"选项卡，如图 2-1-14 所示，通过"动画"命令可以下载动画形式的浇口位置分析结果。单击"报告向导"按钮，打开图 2-1-15 所示的对话

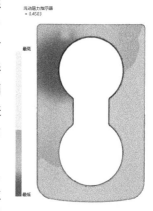

图 2-1-10　流动阻力动画

框；所选方案为"杯座浇口位置分析"，单击"下一步"，打开图 2-1-16 所示的对话框；选择数据并添加到右侧"选中数据"中，如图 2-1-17 所示，单击"下一步"，打开图 2-1-18 所示的对话框；根据需要设置"报告格式"，报告的格式有 HTML、PPT 及 WORD 3 种，勾选"封面"，可生成报告的封面，单击"生成"，生成分析结果报告。

图 2-1-11　"图形属性"对话框

图 2-1-12　阴影表示法

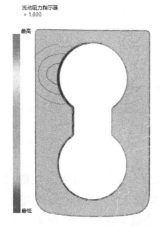

图 2-1-13　等值线表示法

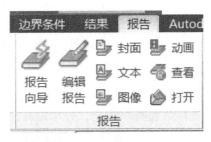

图 2-1-14　"报告"选项卡

图 2-1-15　选择方案

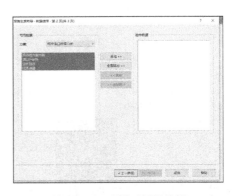

图 2-1-16　选择可用的数据

图 2-1-17 添加数据

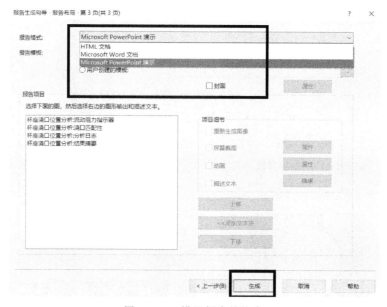

图 2-1-18 设置报告的格式

（3）解释浇口位置分析结果

1）流动阻力指示器。图 2-1-19 所示为杯座的流动阻力指示器结果。在结果显示窗口单击鼠标右键，选择"检查"命令，再单击杯座模型上要查看的位置，即可显示该处流动阻力大小；同时按<Ctrl>键，可以在不同位置连续显示流动阻力大小，便于观测比较。结果图

扫一扫动画

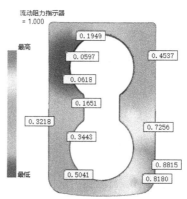

图 2-1-19 流动阻力指示器

中，蓝色区域表示流动阻力最小，其他颜色区域的流动阻力均高于蓝色区域，其中红色区域的流动阻力最大。通过"流动阻力指示器"，可以查询模型上各个部分的模拟流动阻力大小，通过"动画"命令可得到不同时刻的结果图。

2）浇口匹配性。在"方案任务"窗口中勾选"浇口匹配性"，在模型显示窗口中显示相应图形。在右键菜单中选择"检查"，如图 2-1-20 所示，单击杯座模型上要查看的位置，即可显示该处浇口匹配性系数，按<Ctrl>键可在不同位置连续显示，如图 2-1-21 所示。结果图中，蓝色区域为最佳浇口位置，相比之下，其他颜色区域的进胶合理性均低于蓝色区域，其中红色区域的进胶合理性最差。

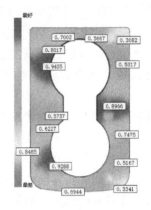

图 2-1-20　检查匹配性　　　扫一扫动画　　　图 2-1-21　最佳浇口位置显示

在"日志"窗口的"浇口位置"选项卡中，可查看系统得出的潜在浇口位置数量有 29263 个，如图 2-1-22 所示，建议的浇口位置在节点 N4121 附近。要查看节点位置，可单击"网格"选项卡中的"查询"按钮，打开图 2-1-23 所示对话框，将最佳浇口位置的序号输入"实体"文本框中，勾选"将结果置于诊断层中"选项，再单击"显示"。

注意：只有在"工艺设置向导-浇口位置设置"对话框中将"浇口数量"设为"1"时，才会产生"浇口匹配性"结果。

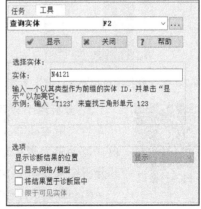

图 2-1-22　建议的浇口位置　　　　　　图 2-1-23　"查询实体"对话框

"浇口匹配性"结果中，显示的高匹配值的区域可继续作为潜在的注射位置，但其中显示的最佳匹配区域不一定代表好的解决方案（高质量零件或高填充可行性），只是针对当前案例使用所选材料的最佳解决方案。颜色相同的区域，其匹配度相同。如果注射位置因设计约束而不适合，则在放置另一注射位置时可以考虑"浇口匹配性"结果中的其他蓝色区域，并使用填充分析检查这些注射位置的匹配性。

扫一扫微课

2. 根据现有注射位置，分析 1 个最佳浇口位置的结果

当杯座有两个浇口，并且 1 个浇口已经根据模具实践经验完成设置时，应用 Moldflow 软件分析的结果只在"方案任务"窗口中呈现"最佳浇口位置"，如图 2-1-24 所示，图示的最佳位置分析结果如图 2-1-25 所示。查看分析结果的操作方法与查看 1 个浇口位置时的相同，蓝色区域为最佳浇口位置，相比之下，其他颜色区域的进胶合理性均低于蓝色区域，其中红色区域的进胶合理性最差。

最佳浇口位置是以熔融塑料在模具型腔内流动是否平衡作为分析的出发点，而在设计模具时，既要考虑型腔填充，又要考虑模具的成型机构，所以有时分析得出的最佳浇口位置并不能作为实际进料的位置，但可以对确定浇口位置提供很有价值的参考，尤其是采用多浇口时。对于杯座，将第 2 个浇口设置在图 2-1-26 所示的位置较合理。

图 2-1-24　分析结果（已有 1 个浇口）

图 2-1-25　最佳浇口位置（已有 1 个浇口）

扫一扫动画

图 2-1-26　第 2 个浇口位置

扫一扫微课

3. 分析两个或两个以上浇口位置的分析结果

当应用 Moldflow 软件分析两个或两个以上的浇口位置时，分析结果只呈现"流动阻力指示器"，如图 2-1-27 所示。杯座模型中设置了两个浇口位置，其分析结果如图 2-1-28 所示。

Moldflow 软件分析浇口位置的结果，可以作为浇口位置设置的重要参考依据，但不一定是模具设计的实际浇口位置，还应结合塑件的外观质量要求、模具设计与加工要求和成型塑件的力学性能等确定浇口的最佳设置位置。

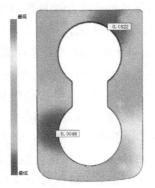

图 2-1-27 分析结果（两个浇口）
图 2-1-28 流动阻力指示器（两个浇口）

扫一扫动画

2.1.3 任务训练

1. 填空题

（1）_____能很快冷却封闭，以防止熔体倒流。

（2）在多型腔模具中调节_____的尺寸，可使非平衡布置的型腔实现同时进料。

（3）分析结果图可以采用"阴影"或"_____"方法呈现。

（4）模流分析结果图的一般默认方式是_____。

（5）通过_____，可以查询模型上各个部分的模拟流动阻力大小。

2. 判断题（正确的在括号内打"√"）

（1）在应用 Moldflow 软件时，如果不在模型上设定任何浇口，其分析结果仅显示放置单个浇口的最佳位置。（　　）

（2）当选择设置 1 个浇口时，浇口位置分析结果包括"流动阻力指示器"和"浇口匹配性"。（　　）

（3）"浇口匹配性"分析结果中显示的最佳区域一定代表好的解决方案。（　　）

（4）Moldflow 软件分析浇口位置的结果，可以作为浇口位置设置的重要参考依据，但不一定是模具设计的实际浇口位置。（　　）

（5）模流分析的最佳浇口位置是以熔融塑料在模具型腔内流动是否平衡作为分析的出发点。（　　）

3. 操作题

应用 Moldflow 分析杯座及仪表盒的浇口位置，解释模流分析结果，形成分析报告，并提出浇口位置设置方案。

任务 2　快速充填分析

2.2.1　快速充填分析设置

1. 浇口设置

杯座采用一点进胶（1 个浇口）时，注射压力较高，容易造成塑料分子

扫一扫微课

过度定向，分子过度定向产生的残余应力会加剧产品产生翘曲变形，因此采用两点进胶。

　　首先根据图2-1-5中显示的进胶合理系数结果，在产品上进胶合理系数高的部位确定第1个浇口的位置，位于节点N5871上，如图2-2-1所示。

　　单击"方案任务"窗口中的  "工艺设置"，打开图2-2-2所示对话框，设置"浇口数量"为"2"，单击"确定"。双击"方案任务"窗口中的"开始分析"，分析结果如图2-2-3所示。在确定第2个浇口的位置时，需从模具成型机构、最佳浇口分析结果和对产品的外观要求等多个因素着手。对产品外观的要求是熔接痕不能出现在产品的短边上，因此在拟定第2个浇口时需要考虑将熔接痕赶至两条长边上，即从两个浇口流出的塑料的流动前沿均在长边上汇合。当有两个浇口位置时，第1个浇口的位置不合理，两个浇口位置拟定在产品流动阻力系数为0.2341和0.3703区域的附近。

图 2-2-1　第1个浇口

　　设定浇口后，通过"快速充填"分析来查看进胶的平衡性及产品上熔接痕的位置。如果分析结果显示充填不平衡或熔接痕出现在产品两条短边上，则应视分析结果左右移动浇口的位置。设定的两浇口位置如图2-2-4所示。

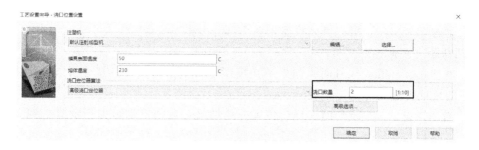

图 2-2-2　设置浇口数量

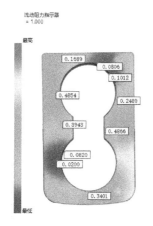

图 2-2-3　流动阻力

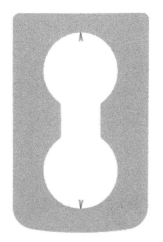

图 2-2-4　两浇口位置

2. 参数设置

1）双击 ✓ ⬚，打开"选择分析序列"对话框，如图2-2-5所示，选择"快速充填"，单击"确定"。

2）双击 ✓ 🔧 "工艺设置"，打开"工艺设置向导-快速充填设置"对话框，如图2-2-6所示，"模具表面温度""熔体温度"和"最大注塑机锁模力"均采用系统默认值。

3）如图2-2-7所示，"注塑机压力限制"有两个选项，分别为"注塑机最大注射压力"与"最大注塑机液压压力"。本例中选择"注塑机最大注射压力"。

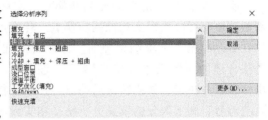

图 2-2-5 "选择分析序列"对话框

图 2-2-6 "工艺设置向导-快速充填设置"对话框

4）"充填控制"有3个选项，如图2-2-8所示。为了精确控制熔融塑料在型腔内的流动，可在以下控制选项中选择最适宜的控制方式。

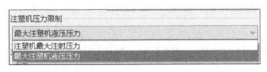

图 2-2-7 注塑机压力限制方式

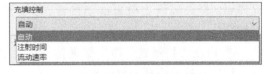

图 2-2-8 充填控制方式

① 自动。自动控制就是系统根据制品的体积、壁厚、采用的浇口位置和使用的塑料材质自动控制填充的进行，以得到一个较佳的填充结果。

② 注射时间。可以从成型分析窗口分析中或根据以往的成型经验给出一个比较合理的注射时间。案例中采用的注射时间是从成型分析窗口得到的较佳的填充时间（2s）。注意：2s是速度与压力转换前所用的时间，而实际的注射时间会略长于设定值。

③ 流动速率。即通过控制熔融塑料在型腔内的流动速率来控制填充的进行。

5）"速度/压力切换"也就是V/P转换。为了保证型腔完全充满，在型腔填充末端将流速控制转为压力控制。这两种控制方式其实都是对熔融塑料流动的控制方式。当熔体刚刚进入型腔时，暂时还未分析出填充整个型腔不同区域所需要的最高压力，因此采用控制熔融塑料流动速度的方式，进而分析出塑料在型腔不同区域接近匀速流动时需要的填充压力。当分析接近型腔末端时，就可以确定出整个填充过程的最高压力。为了顺利完成型腔末端的填

充，同时避免制品产生过多的残余应力和在最末端出现成型
缺陷，可以将控制方式转换为由注射压力控制。"速度/压力
切换"有 9 种控制方式，如图 2-2-9 所示。

① 自动。即系统自动控制转换点。实际上也是通过控
制型腔填充百分比来实现控制转换点。转换点出现在熔体能
够在后续的压力下填满型腔时。注射时间在 V/P 转换之前
是很合理的。但经过 V/P 转换后，注射压力会产生变化，
由保压压力决定，如果转换后的压力控制不得当，可能出现
系统对型腔剩下部分的填充分析结果和实际成型时间相差比
较大的情况。

图 2-2-9　速度/压力切换方式

② 由%充填体积。即通过控制型腔填充体积百分比来控制转换点。系统默认的转换点
为型腔体积的 99%。在右侧文本框中输入一个合理的体积百分比。不同的制品一定要注意
型腔和浇注系统的体积所占的比例。对于小型制品，有时浇注系统所占的填充比例大于型腔
的比例，这时应将转换点向后推移，以保证制品型腔填充时有足够的压力；对于较大制品，
可将转换点向前适当推移，以减少型腔末端的残余应力。

③ 由螺杆位置。即当螺杆到达料筒内预设的位置时进行 V/P 转换。

④ 由注射压力。即系统在分析的过程中，当实际需要的注射压力达到预设的压力时，
便出现 V/P 转换。这需要提前对制品的最高注射压力做出准确的评估，以免在分析中出现
短射。

⑤ 由液压压力。即通过控制液压系统输出的压力来控制 V/P 转换。当液压系统输出的
压力达到设定值时，便出现 V/P 转换。从液压系统输出的压力传递到注塑机的注塑系统时
有一定比例的损耗，所以对它的控制也就更复杂。

⑥ 由锁模力。即当实际锁模力达到预设锁模力时，便出现 V/P 转换。这需要提前对制
品需要的最高锁模力做出准确的评估，才能准确控制 V/P 转换。相对于前几种方式较难
把握。

⑦ 由压力控制点。即当熔融塑料流动前沿到达型腔某一点时，在那一刻进行 V/P 转
换，转换时压力为预设值。

⑧ 由注射时间。即需输入一个适当的注射时间。系统在分析的过程中，当注射时间接
近预设值时便进行 V/P 转换。

⑨ 由任一条件满足时。即对以上几种控制方式皆做设定，哪一种控制方式最先实现，
便以哪种控制方式为准。

本案例选择"自动"方式。

6）"保压控制"是对制品保压阶段的设置，有 4 种控制方式，如图 2-2-10 所示。

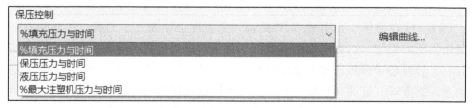

图 2-2-10　保压控制方式

① %充填压力与时间。即以注射压力的百分比来确定保压压力和保压时间。单击右侧的"编辑曲线"按钮，弹出"保压控制曲线设置"对话框，如图 2-2-11 所示，在列表中分段设置持续时间和充填压力。单击"绘制曲线"按钮，弹出持续时间和充填压力的关系图，如图 2-2-12 所示。在不能准确确定充填压力的情况下，选用以充填压力的百分比来确定充填压力值，就可以根据注射压力确定出合适的保压压力。不同的制品，需要不同的保压段数、保压压力和作用时间，而且这三者的作用必须协调，才能取得良好的保压效果，避免成型缺陷。

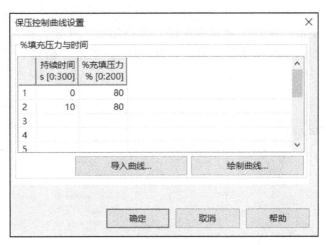

图 2-2-11 "保压控制曲线设置"对话框

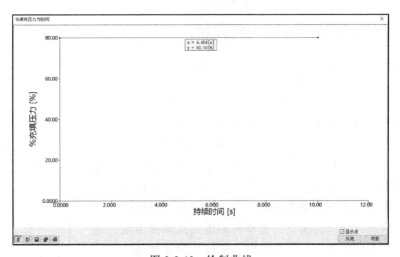

图 2-2-12 绘制曲线

② 保压压力与时间。即直接输入保压压力和保压时间，设置方式可参照图 2-2-11。

③ 液压压力与时间。即根据液压压力和作用时间来进行保压，设置方式可参照图 2-2-11。

④ %最大注塑机压力与时间。即根据注塑机最高注射压力的百分比来确定保压压力和时间，设置方式可参照图 2-2-11。

本案例选择"%充填压力与时间"方式。

2.2.2　快速充填分析结果

杯座采用两个浇口，通过快速充填分析，分析结果有"充填时间""流动前沿温度""达到顶出温度的时间""气穴""填充末端压力"与"熔接线"。

1. 充填时间

充填时间结果显示了型腔填充时每隔一定时间间隔的料流前锋位置，其默认绘图方式是阴影图，如图 2-2-13 所示，但使用等值线图更容易解释结果。

单击"结果"选项卡中的"图形属性"按钮，打开"图形属性"对话框，如图 2-2-14 所示，勾选"等值线"。单击"确定"，充填时间的等值线图如图 2-2-15 所示。

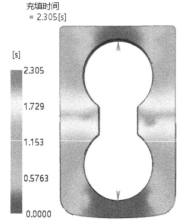

图 2-2-13　充填时间（阴影图）　　扫一扫动画

图 2-2-14　"图形属性"对话框

等值线的间隔相同，表明熔体流动前沿的速度相等，制件的填充平衡。当制件平衡填充时，制件的各个远端在同一时刻充满。每个等值线描绘了模型各部分同一时刻的填充。在填充开始时，显示为暗蓝色，最后填充的地方为红色。如果制品发生短射，则未填充部分没有颜色。制品平衡填充时，等值线是均匀间隔的，其间隔表示聚合物的流动速度。宽的等值线间隔表示快速的填充，而窄的等值线间隔表示缓慢的填充。制品上的任意位置，都可以显示熔体到达该位置的时间。对于大多数分析结果，充填时间是非常重要的。较为均衡的填充过程主要体现在：熔体基本上在同一时刻到达型腔的各个远程位置。利用充模时间结果可以发现注射过程中出现的以下问题。

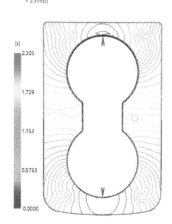

图 2-2-15　充填时间（等值线图）

（1）短射和迟滞　通过等值线图和阴影图均能观察短射部位，以灰色显示，图 2-2-16 所示为短射现象。充填时间的分析结果中还有一种情况，当等值线密集排布在一个很小的区域内时，往往会发生迟滞现象，从而导致短射。

（2）过保压 如果熔体在某一个方向的流路上首先充满型腔，就有可能发生过保压的情况，过保压可能会导致产品的密度分布不均匀，从而使产品超出设计重量，浪费材料，更为严重的是导致翘曲变形。可通过动画演示充填过程，观察是否存在过保压现象。

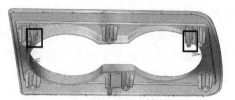

图 2-2-16 短射现象

在"结果"选项卡中的"动画"面板中单击相应的操作按钮，如图 2-2-17 所示，可以模拟熔体充填的过程。模拟过程显示，熔体沿图 2-2-18 所示的 4 个方向充填，用 2.305s 同时完成充填，说明不存在过保压现象。

图 2-2-17 "动画"面板

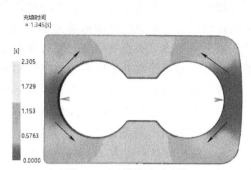

图 2-2-18 熔体流动方向

2. 流动前沿温度

流动前沿温度是熔体流动经过节点时的温度，用于中性面网格、双层面网格和实体网格分析，显示了在流动前沿到达某个节点时的聚合物温度。流动前沿温度可以在分析结束时，或者在分析中指定时刻。它代表的是截面中心的温度，因此一般变化不大，但是如果流动前沿温度在制品的某个区域很低，可能会发生滞流或者短射现象。如果某个区域的流动前沿温度很高，可能发生材料降解和表面缺陷。流动前沿温度的变化应小于 30℃。过高的温度变化可以导致制件内部产生残余应力，而残余应力的存在会导致制件发生翘曲。应注意确保流动前沿温度总是在聚合物使用的推荐温度范围之内，确保冷却和保压的压力尽可能地均匀分布，以避免翘曲变形。用符合要求的注射曲线来获得满意的温度分布。

杯座的流动前沿温度结果如图 2-2-19 所示，最低温度为 146.6℃，最高温度为 230℃，所选材料的熔体温度最小值为 200℃，材料冷却过度，会出现滞流，造成短射现象。短射区如图 2-2-20 所示，短射区存在较大温差，且与充填时间的分析结果保持一致。在模具设计

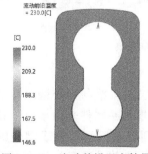

图 2-2-19 流动前沿温度结果

扫一扫动画

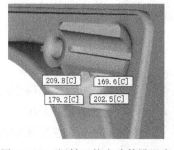

图 2-2-20 短射区的流动前沿温度

及产品成型过程中，需要采取相应的措施避免短射现象。

流动前沿温度结果也可与熔接线结果结合使用。熔接线形成时，熔体的温度高，则熔接线的质量就好（在一个截面内熔接线首先形成的地方是截面的中心。因此，如果流动前沿温度高，熔接线强度通常都高）。

3. 达到顶出温度的时间

达到顶出温度的时间通常称为冷却时间或冻结时间。冷却时间是指充模结束到型腔中的聚合物的温度降至顶出温度所需的时间。冷却时间可用来估计制件的成型周期，并用于确定保压时间的初始值，同时还可用于观察制件壁厚的变化。

理论上，制件应均匀冷却。冷却时间较长的区域可能说明该区域较厚，或者在填充或保压过程中该区域出现了剪切热。如果达到顶出温度的时间较长是由区域较厚引起的，可以考虑增强最后冷却区域的冷却或者重新设计产品。由剪切热引起的冷却时间延长问题难以解决。减小剪切热可能会使冷却时间对体积收缩率和翘曲产生不利影响。如果制件的冷却时间整体偏长，则可能需要采取缩短成型周期的措施，如降低模具和熔体温度。

冷却时间结果也可以用来查看模型上浇口的冷却时间，如果浇口的冷却在制件完全填充之前，会因浇不足导致短射。如果浇口在制品冷却之前冷却，会出现低保压。

杯座达到顶出温度的时间结果如图 2-2-21 所示，冷却时间不均匀，最短冷却时间为 1.978s，最长冷却时间为 41.35s，造成这一结果的主要原因是杯座壁厚不均匀。在 6 个安装孔处过早冷却，如果材料得不到及时补缩，则会产生收缩现象，需要在后续模具设计等过程中采取相应措施。

注意：此结果不适用于热固性塑料。

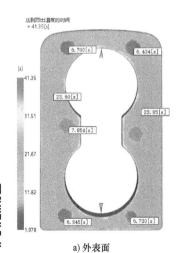

扫一扫动画

a) 外表面　　　　　　b) 内表面

图 2-2-21　达到顶出温度的时间结果

4. 气穴

熔体在两个或多个合流流动前沿之间，或在流动前沿与型腔壁之间形成漩涡并挤压出气泡时，便会生成气穴。通常的结果是在制件表面形成小孔或瑕疵。在极端情况下，这种挤压将使温度升高到引起塑料降解或燃烧的水平。即使制件在充填过程中具有平衡的流动路径，在流动路径终端也会由于

扫一扫微课

排气不足而产生气穴。

对于中性面或双层面模型，气穴结果会在所有可能产生气穴的位置显示连续的细线。对于实体模型，气穴结果会显示一个表示产生气穴的概率的等值线图。

气穴结果显示气穴的严重程度及气穴可能产生的位置。如果气穴出现在无须达到完美视觉效果的表面上，则气穴是可接受的。充填时间结果与气穴结果一起用于确认充填行为及评估产生气穴的可能性。气穴等值线图用于确定在特定位置产生气穴的概率。

气穴结果可以显示制件的以下问题：

（1）烧焦 在足够的压力下，气穴将会导致烧焦，引燃空气烧焦塑料。

（2）短射 如果气体没有排出，并且没有快速地压缩而导致烧焦，将可能产生短射现象，或者在制件上留下气泡。

（3）其他表面缺陷 如果气穴没有导致烧焦或者短射，仍然会在制件上留下表面缺陷。

气穴结果显示可能产生气穴的位置，包括指定的排气分析（排气槽）位置。使用气穴结果有助于选择合适的排气槽位置。如果指定的排气分析位置与预测的气穴位置相同，则模具中的指定位置适合设置排气槽。

杯座的气穴结果如图 2-2-22 所示，在杯座的外表面和内表面上均有气穴产生，结合充填时间分析结果，可确定气穴产生的实际位置与气穴结果显示的位置基本一致。气穴结果也显示存在短射问题，需要采取相应措施避免气穴产生。

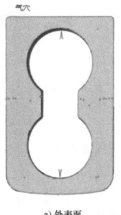 

a) 外表面   b) 内表面

图 2-2-22 气穴结果

5. 填充末端压力

杯座的填充末端压力结果如图 2-2-23 所示，显示了型腔完全被聚合物填充时型腔内的压力分布。在填充开始时，整个型腔中的压力为零。特定位置的压力只有在流动前沿到达该位置后才开始增加。随着流动前沿继续移动，由于该特定位置与流动前沿之间的流动长度不断增加，压力也继续增加。

从一个位置到另一个位置的压力差是指在填充期间推动聚合物熔体流动的力。压力梯度是指用压力差除以两个位置之间距离所得的结果。与水从高处流向低处类似，聚合物始终向负压力梯度方向移动，即从高压区到低压区。因此，在填充阶段，最高压力出现在型腔的注射位置，而最低压力则会出现在流动前沿处。

压力梯度取决于型腔中聚合物的阻力。高粘度聚合物填充型腔时需要的压力较高。型腔中的限制区域（如薄壁部位、微小流道以及流动长度较长的区域）也需要较大的压力梯度，因此也需要较高压力来填充。在填充阶段，应避免压力分布出现较大变化，近间隔的等值线可表示这种变化。检查中性面或双层面模型时，填充结束时每个流动路径的末端压力应为零。在保压过程中，压力变化会影响体积收缩率。在保压阶段，还应将型腔中的压力变化降至最小。

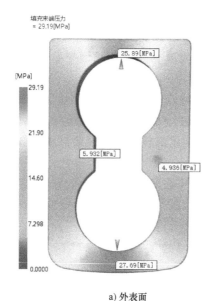

a) 外表面

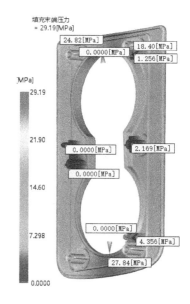

b) 内表面

扫一扫动画

图 2-2-23　填充末端压力结果

6. 熔接线

熔接线结果如图 2-2-24 所示，熔接线出现在两个或者更多个流动前沿聚合处。熔接线结果显示了两个流动前沿相遇时合流的角度，该角度小于 135°。熔接线的存在表示结构有缺点或者表面有缺陷。但是，当流动前沿分裂并绕过孔之后合流，或型腔具有多个浇口时，熔接线的出现是不可避免的。因此，要结合工艺条件和熔接线位置来确定熔接线是否为高质量的。

熔接线的强度受形成熔接线时的温度和熔接处的压力影响。检查工艺条件下发生的熔接线，可以改变结果图的显示属性。

熔接线结果可显示以下问题：

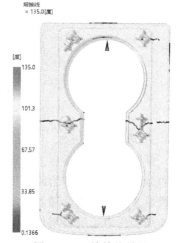

图 2-2-24　熔接线结果

（1）结构问题　制件可能在熔接线处折断或者变形，特别是在熔接线为低质量时。此缺陷使制件的某些区域会受应力影响，从而引起更多问题。

（2）表面缺陷　熔接线会导致线条、凹口或者制件表面颜色改变。如果熔接线出现在不重要的表面（如制件底面），则没有问题。

2.2.3 任务训练

1. 填空题

(1) _____显示了型腔填充时每隔一定时间间隔的料流前锋位置。

(2) 当制件_____充模时，制件的各个远端在同一时刻充满。

(3) 如果制件_____，在充填时间结果中未填充部分没有颜色。

(4) 平衡填充时，等值线是_____。

(5) 等值线的间隔表示聚合物的_____速度。

2. 判断题（正确的在括号内打"√"）

(1) 等值线的间隔相同，表明熔体流动前沿的速度相等，制件的填充平衡。（　　）

(2) 利用充填时间结果可以发现短射。（　　）

(3) 如果熔体在某一个方向的流路上首先充满型腔，就有可能发生过保压。（　　）

(4) 某个区域的流动前沿温度很低，可能发生材料降解和表面缺陷。（　　）

(5) 残余应力的存在会导致制件发生翘曲。（　　）

3. 操作题

进行杯座与仪表盒的快速充填分析，解释模流分析结果，形成分析报告，并应用分析结果提出避免成型缺陷的方案。

任务3 成型窗口分析

成型窗口分析用于确定能够生产合格产品的成型工艺条件范围。如果成型工艺条件在这个范围内，则可以生产出质量较好的塑件。

2.3.1 成型窗口分析设置

打开杯座网格模型，如图 2-0-1 所示，双击✓ （图 2-3-1），打开"选择分析序列"对话框，如图 2-3-2 所示。选择"成型窗口"，单击"确定"。双击"工艺设置"，弹出"工艺设置向导-成型窗口设置"对话框，参数采用默认值，如图 2-3-3 所示。勾选"日志"，如图 2-3-4 所示，双击"开始分析"，通过"分析日志"选项卡可以观察成型窗口分析过程，如图 2-3-5 所示。

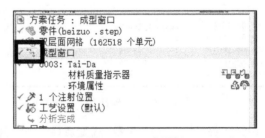

图 2-3-1 双击图标

2.3.2 成型窗口分析结果

"分析日志"选项卡中的结果如图 2-3-6 所示，当采用默认的工艺参数时，要分析的模具温度范围为 25~80℃，要分析的熔体温度范围为 200~280℃，最大设计锁模力为 7000.22t，最大设计注射压力为 180MPa，推荐的模具温度为 63.5℃，推荐的熔体温度为 277.95℃，推荐的注射时间为 0.5612s。分析结果有 7 个指标，如图 2-3-7 所示。

扫一扫微课

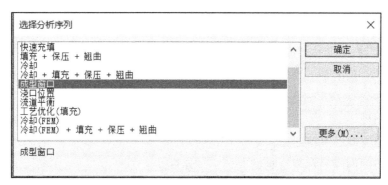

图 2-3-2 "选择分析序列"对话框

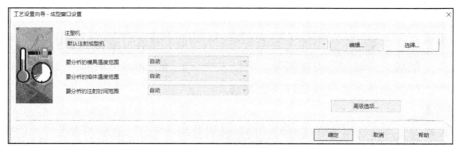

图 2-3-3 工艺参数设置

图 2-3-4 勾选"日志"

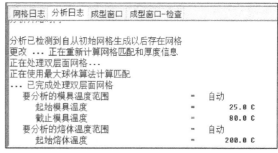

图 2-3-5 分析日志

图 2-3-6 "分析日志"结果

图 2-3-7 成型窗口分析结果指标

扫一扫微课

1. 质量(成型窗口):XY 图

勾选"质量(成型窗口):XY 图"后,窗口显示图 2-3-8 所示的质量(成型窗口):XY 图。该图表示当熔体温度为 200℃,注射时间为 0.1115s 时,模具温度增加,制件成型质量也随之提高。

在"方案任务"窗口中选择"质量(成型窗口):XY 图",单击鼠标右键，选择"属性"命令，弹出图 2-3-9a 所示的对话框。在"模具温度""熔体温度"和"注射时间"三个参数中选择一个作为 X 轴的变量（X 轴的变量是可以更换的）。Y 轴显示制件最佳成型质量系数，数值越大，表明注射成型的制件质量越高。调节这 3 个变量，可以查看制件在不同的模具温度、熔体温度和注射时间下成型的质量。

勾选"注射时间"，以注射时间作为 X 轴的变量，按住鼠标左键分别拖动表征模具温度值和熔体温度值的滑动按钮，使相应的值为图 2-3-9b 所示推荐的最佳值，关闭对话框。单击"查询结果"按钮，单击图 2-3-10 所示曲线在 Y 轴的最高点，此点的 x = 0.5612s、y = 0.8788，达到最高成型质量，这个结果表征的是在注射时间为 0.5612s、模具温度为 63.5℃、熔体温度为 280℃时，制件的成型质量最高，成型质量系数为 0.8788。制件的最佳注射时间在 0.1115~5.620s 之间。

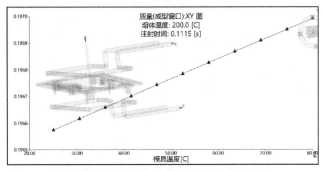

图 2-3-8　质量（成型窗口）：XY 图

a) 成型参数调节前

b) 成型参数调节后

图 2-3-9　调节成型参数

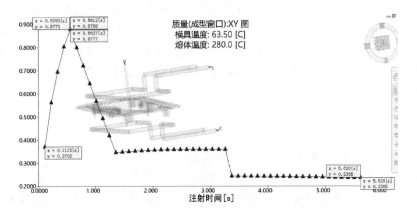

图 2-3-10　参数调整后的质量（成型窗口）：XY 图

2. 区域（成型窗口）:2D 切片图

"区域（成型窗口）:2D 切片图"的纵向为系统推荐的熔体温度范围，横向为系统推荐的模具温度范围，如图 2-3-11 所示。将鼠标光标放在坐标轴区域内，按住鼠标左键向上或向下拖动手掌型光标，可查看在不同的注射时间下制件的成型状况。从左侧的显示图标可以看出，模具温度、熔体温度和注射时间对制件质量的影响可概括为"不可行""可行"和"首选"3 种，分别由 3 种颜色显示。

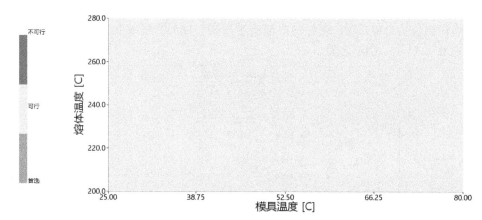

图 2-3-11 "区域（成型窗口）:2D 切片图"

成型参数在绿色区域内时，表示：

1）制件不会发生短射。

2）最高注射压力不会超过注塑机最高射压的 80%。

3）最高流动前沿温度不会高出熔融温度 10℃，最低流动前沿温度不会低于熔融温度 10℃。

4）熔融塑料受到的剪切力不会超过此种塑料可以承受的最大剪切力。

5）熔融塑料的剪切率不会超过此种塑料可以承受的最大剪切率。

如果采用绿色区域内的成型参数，制件的成型质量比较高。精密注塑机可以保证较高的精度，但注塑机在长时间的注射成型过程中，实际的成型参数范围可能会由于多种原因而发生波动。当产品的设计工艺较好，浇口位置适当，且选用的塑料材质流动性比较好时，才会出现大面积的绿色。如果绿色区域比较宽，表示适合该产品的成型参数的范围比较宽，且在生产中，注塑机参数的轻微波动不会影响产品品质。如果绿色区域非常窄，一是很难综合调控得到最适宜的成型参数，二是参数的轻微波动都可能引起制件成型质量的变化，所以应尽量拓宽制件良好的成型参数范围。

成型参数在黄色区域内时，表示：

1）制件不会发生短射。

2）最高注射压力不会超过注塑机的最高射压。

如果采用黄色区域内的参数，制件可以成型，但难以保证较高的成型质量。如果显示的全部是黄色，则表示在当前的浇注系统和使用的塑料材料条件下，可能难以得到适宜的综合成型参数。针对这种情况，可以从不同方面改进成型状况，如修改产品局部特征，加大浇口尺寸和流道尺寸，更换浇口类型，缩短流道长度或降低成型压力等，以保证客户需求的制件质量。

成型参数在红色区域内时，表示：

1）制件很可能会发生短射。

2）实际需要的注射压力已经超过了注塑机的最高射压。当前的注塑机最高射压在现有的浇注系统和使用的塑料材料条件下无法满足成型的需求。

红色区域内的参数，表征在当前的浇注系统和使用的塑料材料条件下，无法完成制件的成型。需要改变不利的成型因素。

杯座的成型结果呈现绿色和黄色2种。

注意：即使在执行了成型窗口分析后，预测的工艺参数设置仍有可能导致成型问题或质量问题。这是因为成型窗口分析仅提供快速的初步建议，其作用不能替代完整的分析。

3. 最大压力降（成型窗口）:XY 图

"最大压力降（成型窗口）:XY 图"结果可显示注射压力如何随模具温度、熔体温度和注射时间的变化而变化。默认的结果图将预测的注射压力变化（压力降）显示为模具温度的函数。默认的杯座的最大压力降（成型窗口）:XY 图如图 2-3-12 所示，表示当熔体温度为 200℃，注射时间为 0.1115s 时，随着模具温度增加，注射压力逐渐减少。

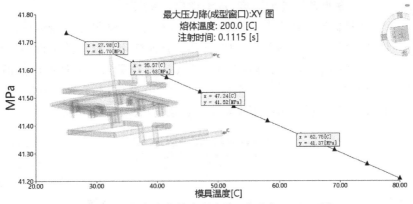

图 2-3-12　杯座的最大压力降（成型窗口）:XY 图

要探究熔体温度、注射时间对最大压力降的影响，可用鼠标右键单击"方案任务"窗口中的"最大压力降（成型窗口）:XY 图"，然后选择"属性"命令，打开图 2-3-13a 所示的

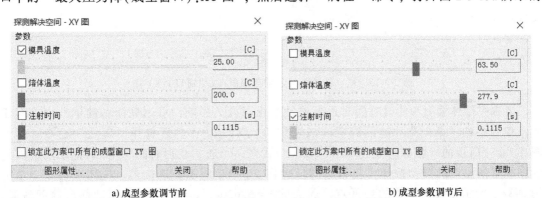

a) 成型参数调节前　　　　　　　　　　　　　b) 成型参数调节后

图 2-3-13　调节成型参数（最大压力降）

"探测解决空间-XY图"对话框，勾选"注射时间"，分别拖动表征模具温度和熔体温度的滑动按钮，使相应的值为图 2-3-13b 所示的最佳值，关闭对话框。单击图 2-3-14 所示曲线在Y轴的最高点，此点的 x = 0.1115s、y = 18.54MPa，注射压力最大，这个结果表征的是在注射时间为 0.1115s，模具温度为 63.5℃，熔体温度为 277.9℃ 时，制件成型时的最大压力降为 18.53MPa。制件的最佳注射时间在 0.1115 ~ 5.620s 之间。

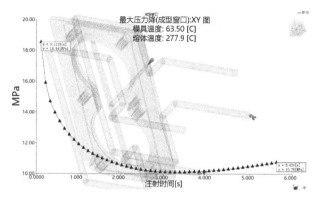

图 2-3-14 调整后的最大压力降(成型窗口):XY图

4. 最低流动前沿温度(成型窗口):XY图

扫一扫微课

"最低流动前沿温度(成型窗口):XY图"结果显示流动前沿温度如何随模具温度、熔体温度和注射时间的变化而变化。默认的结果图将预测的最低流动前沿温度显示为模具温度的函数。杯座默认的最低流动前沿温度(成型窗口):XY图如图 2-3-15 所示，表示当熔体温度为 200℃，注射时间为 0.1115s 时，随着模具温度增加，流动前沿温度基本不变。

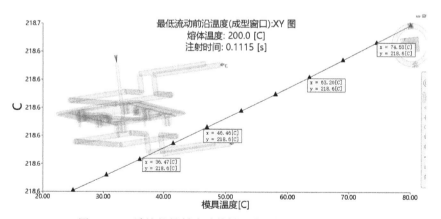

图 2-3-15 默认的最低流动前沿温度(成型窗口):XY图

要探究熔体温度和注射时间对最低流动前沿温度的影响，可用鼠标右键单击"方案任务"窗口中的"最低流动前沿温度（成型窗口):XY图"，然后选择"属性"命令，打开图 2-3-16a 所示的"探测解决空间-XY图"对话框，勾选"注射时间"，分别拖动表征模具温度和熔体温度的滑动按钮，使相应的值为图 2-3-16b 所示的最佳值，关闭对话框。单击图 2-3-17 所示曲线在 Y轴的最低点，此点的 x = 5.620s、y = 228.1℃，流动前沿温度最低，这个结果表征的是在注射时间为 5.620s，模具温度为 63.5℃，熔体温度为 280℃ 时，制件成型时的最低流动前沿温度为228.1℃。制件的最佳注射时间在0.1115~5.620s之间，注射时间越长，流动前沿温度越低。

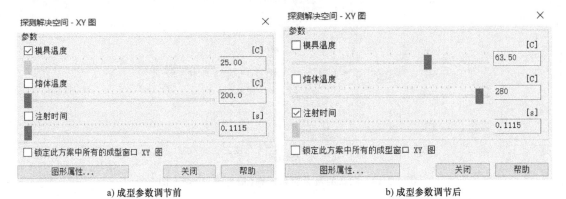

a) 成型参数调节前   b) 成型参数调节后

图2-3-16 调节成型参数 (最低流动前沿温度)

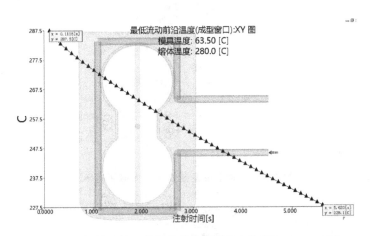

图2-3-17 调整后的"最低流动前沿温度(成型窗口):XY图"

5. 最大剪切速率(成型窗口):XY图

"最大剪切速率(成型窗口):XY图"结果显示剪切速率如何随模具温度、熔体温度和注射时间的变化而变化。默认的结果图可将预测的最大剪切速率显示为模具温度的函数。杯座默认的"最大剪切速率(成型窗口):XY图"如图2-3-18所示，表示当熔体温度为200℃，注射时间为0.1115s时，随着模具温度增加，剪切速率不变，为$14971s^{-1}$。

要探究熔体温度和注射时间对最大剪切速率的影响，可用鼠标右键单击"方案任务"窗口中的"最大剪切速率(成型窗口):XY图"，然后选择"属性"命令，打开图2-3-19a所示的"探测解决空间-XY图"对话框，勾选"注射时间"，分别拖动表征模具温度和熔体温度的滑动按钮，使相应的值为图2-3-19b所示的最佳值，关闭对话框。单击图2-3-20所示曲线在Y轴的最高点，此点的x=0.1115s，y=149711/s，剪切速率最大，这个结果表征的是在注射时间为0.1115s，模具温度为63.5℃，熔体温度为280℃时，制件成型时的剪切速率为$14971s^{-1}$。制件的最佳注射时间在0.1115~5.620s之间，注射时间越长，剪切速率越低。

6. 最大剪切应力(成型窗口):XY图

"最大剪切应力(成型窗口)XY图"结果显示剪切应力如何随模具温度、熔体温度和注

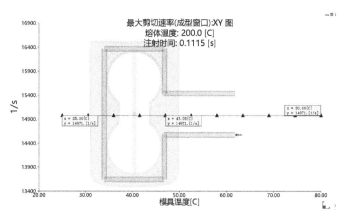

图 2-3-18　默认的最大剪切速率(成型窗口):XY 图

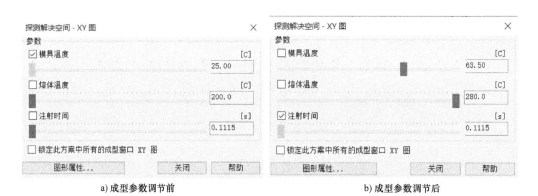

a) 成型参数调节前　　　　　　　　　　b) 成型参数调节后

图 2-3-19　调节成型参数（最大剪切速率）

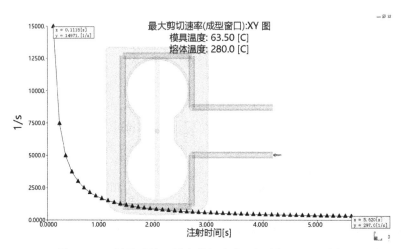

图 2-3-20　调整后的"最大剪切速率(成型窗口):XY 图"

射时间的变化而变化。默认的结果图将预测的最大剪切应力显示为模具温度的函数。杯座默认的最大剪切应力(成型窗口)XY 图如图 2-3-21 所示，表示当熔体温度为 200℃，注射时间为 0.1115s 时，随着模具温度增加，最大剪切应力呈下降趋势。

要探究熔体温度和注射时间对最大剪切应力的影响，可用鼠标右键单击"方案任务"

窗口中的"最大剪切应力(成型窗口):XY 图",然后选择"属性"命令,打开图 2-3-22a 所示的"探测解决空间-XY 图"对话框,勾选"注射时间",分别拖动表征模具温度和熔体温度的滑动按钮,使相应的值为图 2-3-22b 所示的最佳值,关闭对话框。单击图 2-3-23 所示曲线在 Y 轴的最高点,此点的 x = 0.1115s,y = 0.2615MPa,剪切应力最大,这个结果表征的是在注射时间为 0.1115s,模具温度为 63.5℃,熔体温度为 280℃时,制件成型时的最大剪切应力为 0.2615MPa。当熔体温度和模具温度不变时,制件的最佳注射时间在 0.1115 ~ 5.620s 之间,剪切应力随注射时间变化而变化。

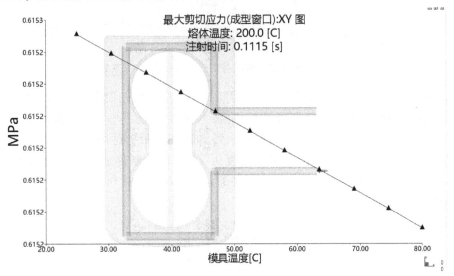

图 2-3-21 默认的"最大剪切应力(成型窗口):XY 图"

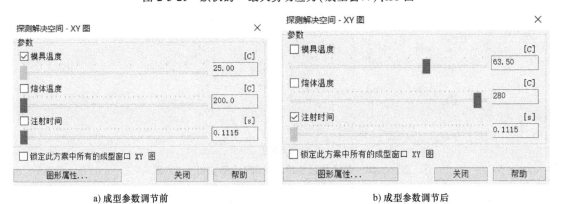

a) 成型参数调节前   b) 成型参数调节后

图 2-3-22 调节成型参数 (最大剪切应力)

7. 最长冷却时间(成型窗口):XY 图

"最长冷却时间(成型窗口):XY 图"结果显示最长冷却时间如何随模具温度、熔体温度和注射时间的变化而变化。默认的结果图将预测的最长冷却时间 (基于所选材料的推荐顶出温度) 显示为模具温度的函数。图 2-3-24 所示为杯座默认的最长冷却时间(成型窗口):XY 图。

要探究熔体温度和注射时间对最长冷却时间的影响,可用鼠标右键单击"方案任务"窗口中的"最长冷却时间(成型窗口):XY 图",然后选择"属性"命令,打开图 2-3-25a 所

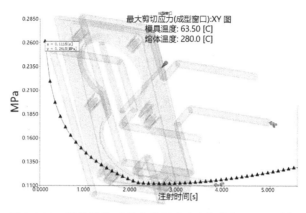

图 2-3-23　调整后的"最大剪切应力(成型窗口):XY图"

示的"探测解决空间-XY图",勾选"注射时间",分别拖动表征模具温度和熔体温度的滑动按钮,使相应的值为图 2-3-25b 所示的最佳值,关闭对话框。单击图 2-3-26 所示曲线在 Y 轴的最高点,此点的 x = 0.1124s,y = 34.67s,冷却时间最长,这个结果表征的是在注射时间为 0.1124s,模具温度为 63.5℃,熔体温度为 280℃时,制件成型时的最长冷却时间为 34.67s。当熔体温度和模具温度不变时,制件的最佳注射时间在 0.1124 ~ 5.620s 之间,最长冷却时间基本保持不变。

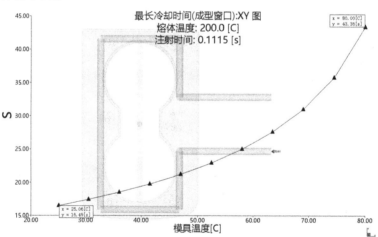

图 2-3-24　默认的最长冷却时间(成型窗口):XY图

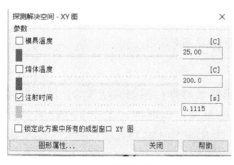

a) 成型参数调节前

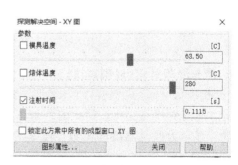

b) 成型参数调节后

图 2-3-25　调节成型参数(最长冷却时间)

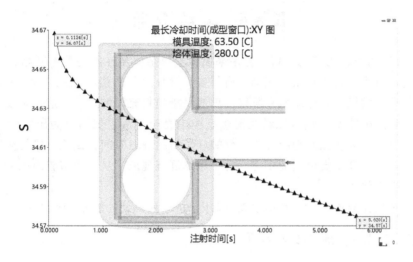

图 2-3-26 调整后的最长冷却时间（成型窗口）:XY 图

2.3.3 任务训练

1. 填空题

（1）_____分析用于确定能够生产合格产品的成型工艺条件范围。

（2）"区域（成型窗口）:2D 切片图"在_____区域制件不会发生短射。

（3）如果使用"区域（成型窗口）:2D 切片图"_____区域内的参数，制件可以成型，但难以保证较高的成型质量。

（4）"最大压力降（成型窗口）:XY 图"结果可显示_____如何随模具温度、熔体温度和注射时间的变化而变化。

（5）"质量（成型窗口）:XY 图"结果可查看制件在不同的模具温度、熔体温度和_____下成型的质量。

2. 判断题（正确的在括号内打"√"）

（1）模具温度、熔体温度和注射时间对制品质量有影响。   （ ）

（2）如果"区域（成型窗口）:2D 切片图"中的黄色区域比较宽，表示适合本产品的成型参数的范围比较宽。   （ ）

（3）"最大压力降（成型窗口）:XY 图"表示模具温度越高，注射压力越大。 （ ）

（4）"最大剪切应力（成型窗口）:XY 图"表示模具温度越高，最大剪切应力越小。

（ ）

（5）"最长冷却时间（成型窗口）:XY 图"表示注射的时间越长，冷却的时间越短。

（ ）

3. 操作题

进行杯座与仪表盒的成型窗口分析，解释模流分析结果，形成分析报告，并应用分析结果指导或优化注射成型工艺。

任务4 流动分析

填充+保压分析统称为流动分析，是用来模拟塑料熔体从注射进型腔开始，一直到充满整个型腔的流动过程，目的是获得流动分析报告，设计最佳的浇注系统。填充+保压分析包括注射成型过程中的填充和保压两个阶段。填充是指塑料充模的过程，这一阶段是从螺杆向前移动开始，将熔融状态的塑料原料注射进型腔中直至充满。保压分为压实阶段和倒流阶段，压实阶段是指熔体从充满型腔开始，到螺杆退回的一段时间；倒流阶段是从螺杆退回开始，由于型腔内压力高于流道内的压力，发生熔体倒流现象，从而使型腔内压力降低，浇口处熔体冷却后倒流停止。

相对于其他填充分析序列，利用填充+保压分析序列得到的填充分析结果准确度更高。

扫一扫微课

2.4.1 流动分析设置

首先打开杯座网格模型，如图2-0-1所示，在"方案任务"窗口中双击 ，设置分析序列为"填充+保压"。

然后双击"方案任务"窗口中的"工艺设置"，打开"工艺设置向导-填充+保压设置"对话框，相关参数设置如图2-4-1所示。其中"充填控制"方式比"快速充填"分析序列中的多两种，分别为"相对螺杆速度曲线"和"绝对螺杆速度曲线"。

图2-4-1 "工艺设置向导-填充+保压设置"对话框

（1）相对螺杆速度曲线 通过控制螺杆的运动来控制填充，控制方式有两种。

① 流动速率与射出体积。即通过控制熔融塑料流动速率百分比和射出体积百分比来控制填充，100%射出体积表示已完成型腔的填充，0表示填充尚未开始。这种方式可以精确控制塑料在型腔不同部位的流动速率，从而达到避免成型缺陷和提高成型质量的目的。

② 螺杆速度与行程。即通过控制螺杆的运动速度百分比和螺杆行程百分比来控制填充，螺杆在100%行程位置时表示塑化已完毕，螺杆在0行程位置时表示已经完成注射过程。应用此项设置不能反映螺杆的背压，所以分段设置时，应按螺杆行程百分比进行递减设置。

（2）绝对螺杆速度曲线 该选项一共有6种控制方式。

① 螺杆速度与螺杆位置。即通过控制螺杆在料筒不同位置的运动速度来控制填充的进行。

② 流动速率与螺杆位置。即通过控制螺杆在不同位置时熔融塑料的流动速率来控制填充的进行。

③ 最大螺杆速度与螺杆位置。即通过控制螺杆在不同位置时的最大速度百分比来控制填充的进行。

④ 螺杆速度与时间。即通过不同时间段螺杆的速度来控制填充的进行。

⑤ 流动速率与时间。即通过控制熔融塑料在不同时间段的流动速率来控制填充的进行。

⑥ 最大螺杆速度与时间。即通过控制螺杆在不同时间段的最大螺杆速度百分比来控制填充的进行。

最后，在"方案任务"窗口中勾选"日志"，双击"开始分析"。通过"分析日志"选项卡可以观察流动分析过程。

2.4.2　流动分析结果

"分析日志"中的分析报告如图 2-4-2 所示，流动分析的结果如图 2-4-3 所示，重点查看以下几项分析结果。

扫一扫微课

网格日志　分析日志　填充＋保压　翘曲　　填充＋保压-检查　翘曲-检查
总重量(零件＋流道)　　　　　=　　　　74.1915 g
零件的保压阶段结果摘要 :
总体温度 - 最大值　　　(在　3.018 s) =　237.5246 C
总体温度 - 第 95 个百分数 (在　3.018 s) =　235.7267 C
总体温度 - 第 5 个百分数 (在　32.555 s) =　50.1148 C
总体温度 - 最小值　　　(在　29.714 s) =　50.0003 C
剪切应力 - 最大值　　　(在　3.018 s) =　4.3321 MPa
剪切应力 - 第 95 个百分数 (在　5.178 s) =　0.5090 MPa
体积收缩率 - 最大值　　　(在　3.018 s) =　7.1308 %
体积收缩率 - 第 95 个百分数 (在　3.018 s) =　6.6990 %

图 2-4-2　"分析日志"中的分析报告

```
▼ 📁 流动
  □ 充填时间              □ 气穴                   □ 填充末端压力
  □ 速度/压力切换时的压力   □ 平均速度               □ 壁上剪切应力
  □ 流动前沿温度          □ 锁模力质心             □ 缩痕，指数
  □ 总体温度             □ 锁模力:XY 图           □ 料流量
  □ 剪切速率，体积        □ 流动速率，柱体          □ 体积收缩率
  □ 注射位置处压力:XY 图   □ 充填区域               □ 缩痕估算
  □ 顶出时的体积收缩率     □ 第一主方向上的型腔内残余应力  □ 缩痕阴影
  □ 达到顶出温度的时间     □ 第二主方向上的型腔内残余应力  □ 流动前沿速度
  □ 冻结层因子           □ 心部取向               □ 熔接线
  □ % 射出重量:XY 图      □ 表层取向               □ 型腔重量
  □ 气穴                □ 压力
```

图 2-4-3　流动分析结果

1. 速度/压力切换时的压力

杯座的"速度/压力切换时的压力"结果如图 2-4-4 所示，显示了通过型腔内的流程在从速度到压力控制切换点的压力分布。

在填充开始前，型腔内各处的压力为零（或者为标准大气压）。熔体前沿到达的位置压力才会增加，当熔体前沿向前移动填充后面的区域时，压力继续增加，增加的压力取决于该位置与熔体前沿的长度。各个位置的压力不同，促使聚合物熔体的流动。大多数的注射过程在 100~150MPa 的注射压力或者在更低的注射压力下进行。

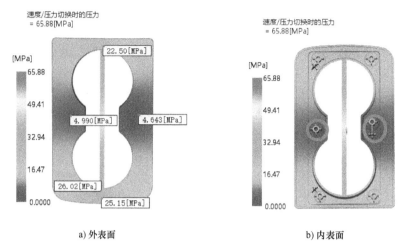

扫一扫动画

a) 外表面   b) 内表面

图 2-4-4 "速度/压力切换时的压力"结果

2. 冻结层因子

杯座的"冻结层因子"结果如图 2-4-5 所示,显示冻结层因子的厚度,其范围从 0 到 1。越高的值代表越厚的冻结层(或者越薄的流动层)和越高的流动阻抗。在填充期间,冻结层应该保持一个常量厚度,使非冻结层连续流动。因为型腔壁的热损失是通过流动的热熔体得到平衡的,所以一旦热熔体流动停止,型腔壁的热损失增加,从而快速增加冻结层厚度。

冻结层厚度对流动阻抗影响很大。粘度指数随着温度降低而升高。流动层厚度也会随着冻结层厚度的增加而减小。因此,在填充开始阶段易发生滞流,需要额外的高压力来填充制件。

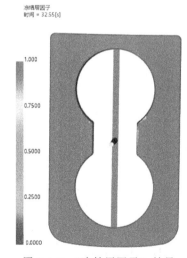

扫一扫动画

图 2-4-5 "冻结层因子"结果

3. 平均速度

杯座的"平均速度"结果如图 2-4-6 所示,显示了型腔里聚合物的流动速度平均量。平均速度是中间结果,其动画分析结果默认随时间变化,默认比例为从最小到最大。此结果可以用来查看高流动速率区域。对于指定部分的高速率值表示高流动速率,意味着这里会出现填充问题，如过保压或者喷流；同时，也意味着聚合物流动是不平衡的，在制件的某些区域流动很快，而在其他区域流动很慢，灰色部分是未填充区域。

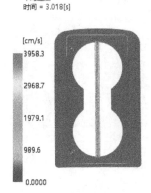

图 2-4-6 "平均速度"结果　　　　　扫一扫动画

4. 锁模力：XY 图

杯座的"锁模力：XY 图"结果如图 2-4-7 所示，表示锁模力随时间变化而变化的情况。计算锁模力时，把 XY 平面作为分型面，锁模力是根据每个单元在 XY 平面上的投影面积和单元内的压力进行计算的。当使用双层面网格模型时，考虑的是相互匹配的单元组，因此锁模力没有重复计算。但是，如果制件的几何结构在 XY 平面上的投影有重叠，锁模力的预测值将会偏大。可在属性设置对话框中取消勾选"网格重叠"，将投影发生重叠的单元排除在锁模力的计算之外，从而解决该问题。锁模力对充模是否平衡、保压压力和体积/压力控制转换时间等非常敏感。对这些参数稍加调整，就会使锁模力发生较大的变化。

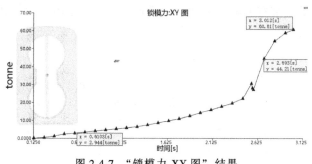

图 2-4-7 "锁模力-XY 图"结果　　　　　扫一扫动画

5. 体积收缩率

杯座的"体积收缩率"结果如图 2-4-8 所示，结果以原始体积的百分比形式显示各个节点的体积收缩率。体积收缩率是指从保压阶段结束到冷却至环境参考温度（默认值为 25℃）时的局部密度。

为明确解释体积收缩率结果，取消勾选"节点平均数"选项。（用鼠标右键单击"体积收缩率"并选择"属性"命令，选择"可选设置"选项卡，然后取消勾选"节点平均数"。）此结果可用来检测模型中的缩痕。高收缩率值可能表示制件中存在缩痕或缩孔。要将翘曲变形降至最小，整个型腔的体积收缩率变化应降至最低。整个制件中的体积收缩率应统一，这对材料的充分保压很重要，能确保制件具有良好的结构和视觉完整性，使用保压曲线可使收缩率更统一。

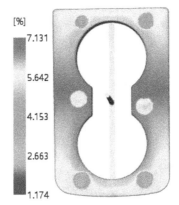

体积收缩率
= 7.131[%]
时间 = 3.018[s]

[%]
7.131
5.642
4.153
2.663
1.174

扫一扫动画

图 2-4-8　"体积收缩率"结果

6. 缩痕, 指数

杯座的"缩痕, 指数"结果如图 2-4-9 所示, 表示可能出现的缩痕及其位置。缩痕是由于保压补缩不良, 注射不均, 壁厚不均而引起的收缩量不一致或因塑料收缩率过大等原因而产生的, 可归纳为冷却收缩影响类的缺陷。缩痕指数是在保压期间, 对于每个单元当局部压力下降到 0 时计算所得, 并且反映了还有多少材料仍然是熔体和未保压。越高的缩痕指数值显示了越高的潜在收缩, 但是收缩是否导致缩痕, 取决于制件的几何特征。

缩痕受材料属性、制件几何特征、相对于注射处的位置和型腔填充条件等因素的影响。改变这些因素中的任何一个, 对缩痕都有影响。通常, 如果加强筋的厚度小于或者等于主要壁厚的 60%, 不会有重大的缩痕。

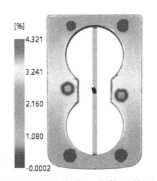

缩痕, 指数
= 4.321[%]

[%]
4.321
3.241
2.160
1.080
-0.0002

扫一扫动画

图 2-4-9　"缩痕, 指数"结果

2.4.3　任务训练

1. 填空题

（1）填充+保压分析统称为_____, 是用来模拟塑料熔体从注射进型腔开始, 一直到充满整个型腔的流动过程。

（2）填充是指塑料_____的过程。

（3）压实阶段是指熔体从充满型腔开始，到_____退回的一段时间。

（4）流动层厚度也会随着冻结层厚度的增加而_____。

（5）要将翘曲变形降至最小，整个型腔的_____变化应降至最低。

2. 判断题（正确的在括号内打"√"）

（1）在填充开始前，型腔内各处的压力为零。   （   ）

（2）聚合物总是朝着负压力梯度方向移动，从低压力到高压力。   （   ）

（3）缩痕是由一个热心导致的潜在的收缩迹象。   （   ）

（4）越高的缩痕指数值显示了越高的潜在收缩，但是收缩是否导致缩痕，取决于制件
的几何特征。   （   ）

3. 操作题

进行杯座与仪表盒的流动分析，解释模流分析结果，形成分析报告，并应用分析结果指导或优化浇注系统设计。

任务5　冷　却　分　析

注射模冷却水道的作用是把成型过程中熔融塑料的热量带走，使塑件能够快速而均匀地固化定型，冷却水道设计的好坏关系到塑件冷却的效率和冷却的均匀性。合理的水道布局应该保证塑件的冷却效率，以提高产品的生产率，同时还要尽可能使塑件同步冷却，以避免表面缩痕、内应力、翘曲变形等问题。

对于很多塑件来说，很容易进行合理的冷却水道布局，或者很容易在修模阶段对冷却水道进行修正。但对于有些塑件来说，由于结构的独特性，不利于冷却水道的布局和修正，必须在模具设计方案确定之初就要对冷却水道的布局进行准确评估，而要准确评估模具冷却水道的冷却效果，Moldflow无疑是最好的分析评估工具。

2.5.1　冷却分析设置

1）打开杯座模型，如图2-0-1所示，在"方案任务"窗口中双击
设置分析序列为"冷却"。

扫一扫微课

2）单击"几何"选项卡中的"模具镶块"按钮，打开"模具镶块向导"对话框，如图2-5-1所示。设置原点位置，X、Y、Z的值均为0mm，模具镶块在X、Y、Z方向的尺寸分别为190mm、270mm、90mm，单击"完成"按钮，模具镶块如图2-5-2所示，有1346个模具曲面网格。

3）单击"主页"选项卡中的"工艺设置"按钮，打开"工艺设置向导-冷却设置"对话框，如图2-5-3所示。工艺参数采用系统默认的参数，即熔体温度为230℃，开模时间为5s。

"注射+保压+冷却时间"为三者时间之和，有"指定"和"自动"两种控制方法。由于当前还不能确定最佳冷却时间，选择"自动"控制方法。单击"编辑目标顶出条件"按钮，弹出"目标零件顶出条件"对话框，如图2-5-4所示，"模具表面温度"设置为50℃，

"顶出温度"采用系统默认的顶出温度80℃，为了保证制件顶出时的强度和顶出后尺寸的稳定性，"顶出温度下的最小零件冻结百分比"采用系统默认的100%。如果这两个标准已经满足，在Moldflow中即意味着冷却阶段的结束。单击"确定"按钮，返回"工艺设置向导-冷却设置"对话框。如果选择"指定"控制方法，需要设定成型周期。冷却分析会根据设定的周期来计算冷却的效果。这种方法多用于经过优化排布后的冷却水路。

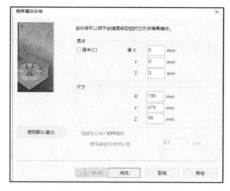

图 2-5-1 "模具镶块向导"对话框

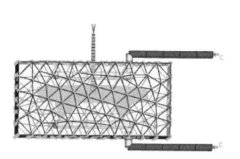

图 2-5-2 模具镶块

图 2-5-3 "工艺设置向导-冷却设置"对话框

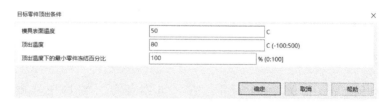

图 2-5-4 "目标零件顶出条件"对话框

单击"冷却求解器参数"按钮，弹出"冷却求解器参数"对话框，如图2-5-5所示。"模具温度收敛公差"和"最大模温迭代次数"这两项一般采用默认值即可满足分析的精度

图 2-5-5 "冷却求解器参数"对话框

要求。选项"自动计算冷却时间时包含流道"的作用是在确定冷却时间时考虑流道的凝固率,可以根据流道的尺寸和制件的厚度确定是否需要勾选。选项"使用聚合网格求解器"的默认状态为勾选,可优化分析时间。单击"确定"按钮,返回"工艺设置向导-冷却设置"对话框。

单击"高级选项"按钮,打开"填充+保压分析高级选项"对话框,如图2-5-6所示。用户可以在对话框中进行相应选项的高级设置。

图 2-5-6 "填充+保压分析高级选项"对话框

① 在"成型材料"选项组中,单击"选择"按钮,用户可以重新选择塑料材质;单击"编辑"按钮,可以编辑当前塑料的属性。

② 在"工艺控制器"选项组中,单击"编辑"按钮,可以对成型工艺参数进行高级设置。其中很重要的一项设置是"模具温度控制",如图2-5-7所示。在"模具温度控制"下拉列表中,既可以选择"均匀",也可以选择"型腔与型芯不同",还可以设置"熔体温度"与"环境温度"。

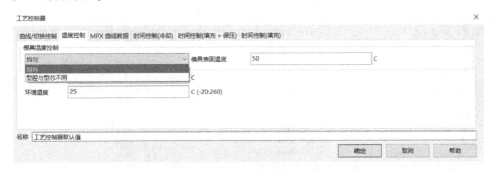

图 2-5-7 "工艺控制器"对话框

③ 在"注塑机"选项组中,可以根据注塑机的部分规格参数和高级控制方式进行设置。

④ 在"模具材料"选项组中,可以根据模具材料编辑属性。

⑤ 在"求解器参数"选项组中,可以对求解器参数进行编辑或更改。其中很重要的选项是"纤维分析"和"型腔偏移"。单击"确定"返回"工艺设置向导-冷却设置"对话框。

4) 编辑冷却液属性。单击任意一个入水口,再单击鼠标右键,选择"属性"命令,弹出"冷却液入口"对话框,如图2-5-8所示,设置"冷却介质"为"Water(PURE)"。如果需要更改冷却介质,单击"选择"按钮,在弹出的对话框中选择需要的冷却液。系统默认的"冷却介质入口温度"为25℃。

冷却液的属性包括冷却介质的类型、冷却介质控制方式和冷却介质入口温度，这些属性均可修改。同时，和这条管道的入口名称相同的其他冷却管道的属性会同时改变。如果需要改变某一条冷却管道的属性，应先查看有无和它同名的冷却管道，如果有其他冷却管道和它共享同一个名字，就需要删除当前入水口标志，重新对其命名并进行属性设置。

图 2-5-8 "冷却液入口"对话框

5) 双击"开始分析"，通过"分析日志"选项卡可以观察冷却分析过程。

2.5.2 冷却分析结果

"分析日志"结果如图 2-5-9 所示，部分冷却分析结果如图 2-5-10 所示，重点查看以下几项分析结果。

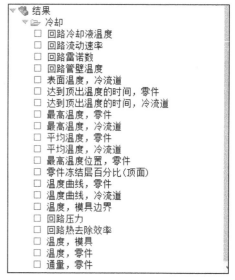

图 2-5-9 "分析日志"结果

图 2-5-10 部分冷却分析结果

扫一扫微课

1. 温度，零件

"温度，零件"结果显示整个周期内零件边界（零件和模具界面的零件侧）的平均温度。

零件不同部位的温度差异，尤其是型芯和型腔温差较大，是引起制件翘曲、成型周期延长的主要原因。如果零件上存在过热点或过冷点，应考虑重新调整冷却管道的排布，使制件整体温度不超过冷却液入口处温度10~20℃。当零件整体温差较小时，可以使零件不同部位的收缩率趋于一致，从而可以有效减少翘曲变形量。

本案例中，零件有一处安装孔的温度明显高于其他部位，是高热量集中区，限于模具的结构，很难被完全冷却，实现和其他区域的同步冷却。由于其温度在成型结束后和室温差异最大，所以这里的收缩值也明显高于其他区域，易出现缩痕，如图 2-5-11 所示。

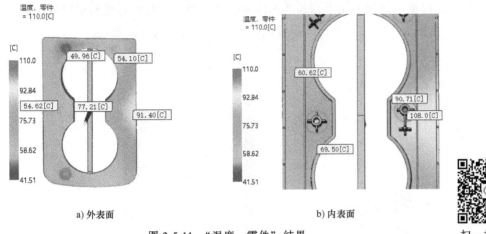

a) 外表面　　　　　　　　　　　　　　b) 内表面

图 2-5-11　"温度，零件"结果　　　　　　　　扫一扫动画

2. 温度，模具

"温度，模具"结果如图 2-5-12 所示，显示了整个周期内模具和零件界面的模具侧的平均温度。利用该结果可找出局部的过热点或过冷点，以及确定它们是否会影响周期时间和零件翘曲变形量。如果有过热点或过冷点，则可能需要调整冷却管道或冷却液温度。最低和最高模具温度与目标温度的偏差应该在 10℃ 以内（对于非结晶材料）或 5℃ 以内（对于半结晶材料）。该准则对于大部分模具可能都难以实现，但应该作为冷却分析的目标。模具表面上的温度变化范围越窄，模具温度变化引起翘曲和周期时间延长的可能性就越小。"温度，模具"结果通常将比冷却液入口温度高 10～30℃。冷却管道的设置和模具的热传导率将会影响温度变化。

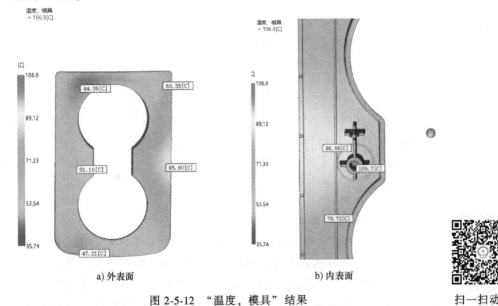

a) 外表面　　　　　　　　　　　　　　b) 内表面

图 2-5-12　"温度，模具"结果　　　　　　　　扫一扫动画

本案例中，零件有一处安装孔的温度明显高于其他部位，表明冷却阶段后制件这个部位

的热量仍然最多。制件顶出后，脱离型腔的限制，高温区域的收缩明显高于其他部位。

3. 回路冷却液温度

"回路冷却液温度"结果显示冷却回路内冷却液的温度。回路冷却液的温度变化幅度不应超过 2~3℃。由图 2-5-13 可以看出，本案例中各管道冷却液温度无变化。

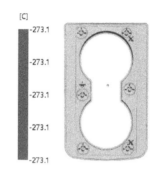

扫一扫动画 　　　　图 2-5-13　"回路冷却液温度"结果

4. 回路管壁温度

"回路管壁温度"是周期内的平均管壁温度结果，显示冷却回路的温度。冷却回路中的温度分布应均匀。温度将在回路接近零件处增加，并且这些较热的区域也会加热冷却液。温度不应超过入口温度 5℃。杯座的"回路管壁温度"结果如图 2-5-14 所示，管壁温度范围比较大，接近 19.34℃，管壁温度升高最明显的地方出现在隔水板上方，需加强冷却。

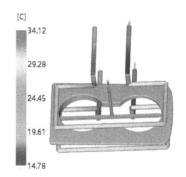

扫一扫动画 　　　　图 2-5-14　"回路管壁温度"结果

5. 零件冻结层百分比（顶面）

"零件冻结层百分比（顶面）"结果可用于查看零件的哪些部位冷却快或冷却慢。冻结层百分比非常高，表示零件已充分冷却，并且在顶出前已达到实体状态。如果零件在充分冷却前即从模具中顶出，那么零件将在模具外进行冷却，更易产生翘曲。壁厚较大的零件在结构完全稳定后才能承受顶出的过程，合理的冻结层百分比为80%以上。杯座的冻结百分比结果如图 2-5-15 所示，冷却不

扫一扫微课

均匀，在百分比小的地方需要加强冷却。

6. 平均温度，零件

"平均温度，零件"结果是在冷却时间结束时计算的整个零件厚度中的平均温度曲线。该曲线以周期（包括开、合模时间）的平均模具表面温度为基础。平均温度大约为模具优化后的目标模具温度和顶出温度的一半。零件不同区域的平均温度的变化应很小。平均温度高的区域可能为零件的较厚区域或冷却效果不佳的区域。应考虑在这些区域附近添加冷却管道。检查冷却结束时的平均温度是否远低于材料的顶出温度，只有当平均温度远低于顶出温度时零件才能被成功顶出。杯座的"平均温度，零件"结果如图 2-5-16 所示，在不同区域的平均温度变化较大，在平均温度高的区域应添加冷却管道。

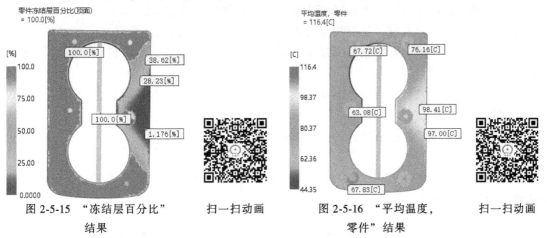

图 2-5-15　"冻结层百分比"　　扫一扫动画　　图 2-5-16　"平均温度，
　　　　　结果　　　　　　　　　　　　　　　　　　　　零件"结果　　　扫一扫动画

7. 回路热去除效率

"回路热去除效率"结果用于度量成型周期内每个冷却管道截面从模具吸收热量的效率。传递热量最少的那一部分管道的热去除效率为 1，传递热量次之的管道依次增加热去除效率。影响冷却管道热去除效率的主要因素是冷却管道与制件的距离和冷却液的温度，距制件的距离越近，传热效率越高；冷却液与管壁之间的温差越大，传热效率越高。杯座的"回路热去除效率"结果如图 2-5-17 所示，最小值为 -0.5758，最大值为 1，冷却不均匀，说明冷却管道的排布和冷却液的温度不合理，不能起到最佳冷却效果。

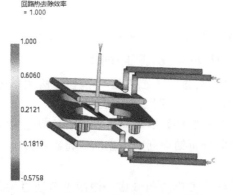

图 2-5-17　"回路热去除效率"结果　　　　　　扫一扫动画

2.5.3 任务训练

1. 填空题

（1）_____温度结果显示整个周期内零件边界的平均温度。

（2）如果零件上存在过热点或过冷点，应考虑重新调整_____的排布。

（3）_____百分比结果可用于查看零件的哪些部位冷却快或冷却慢。

（4）冷却液与管壁之间的温差越大，传热效率越_____。

（5）顶出时，冻结层百分比达到_____%是合理的。

2. 判断题（正确的在括号内打"√"）

（1）冷却水路设计的好坏关系到塑件冷却的效率和冷却的均匀性。　　　　（　　）

（2）型芯和型腔温差较大是引起制品翘曲、成型周期延长的主要原因。　　（　　）

（3）模具表面上的温度变化范围越窄，模具温度变化引起翘曲和周期时间延长的可能性就越大。　　　　　　　　　　　　　　　　　　　　　　　　　（　　）

（4）如果零件在充分冷却前立即从模具中顶出，那么零件将在模具外进行冷却，更不易产生翘曲。　　　　　　　　　　　　　　　　　　　　　　　　（　　）

（5）冷却管道距制件的距离越近，传热效率越高。　　　　　　　　　　（　　）

3. 操作题

进行杯座与仪表盒的冷却分析，解释模流分析结果，形成分析报告，并应用分析结果指导或优化冷却水路设计。

任务6　翘　曲　分　析

翘曲变形是指塑料制件的形状偏离模具型腔的形状所规定的范围，是常见的缺陷之一。注射成型过程中，翘曲是由于注塑件收缩率不均匀产生的。尤其是壁厚不均匀的薄壁类塑件，其各部位的收缩率不一样，容易产生翘曲变形。如果在模具设计阶段不考虑填充过程中收缩的影响，则得到的塑件产品会与产品图样要求相差很大，严重的会导致产品报废。通过Moldflow软件进行翘曲分析，并采取一定措施，可以有效控制翘曲变形。翘曲分析不能单独进行，需要在流动分析的基础上进行。

扫一扫微课

2.6.1 翘曲分析设置

1）打开杯座网格模型，如图2-0-1所示，在"方案任务"窗口中双击选择分析序列为"冷却+填充+保压+翘曲"。

2）单击"主页"选项卡中的"工艺设置"按钮，两次单击"下一步"按钮，打开"工艺设置向导-翘曲设置"对话框，如图2-6-1所示。

① 勾选选项"考虑模具热膨胀"，在分析制件翘曲时同时考虑模具型腔的膨胀因素。

② 勾选选项"分离翘曲原因"，在翘曲分析结果列表中显示引起翘曲的独立因素对翘曲的影响程度。

③ 勾选选项"考虑角效应"，分析过程中考虑边角效应。熔融塑料通过尖锐的边角时，会在强的剪切力作用下产生剪切热和剪切应力，勾选此选项有助于得到更准确的分析结果。

④ "矩阵求解器"下拉列表中包含不同的求解方法，保持默认设置"自动"。单击"完成"按钮。

3）在"方案任务"窗口中双击"开始分析"，开始翘曲分析。通过"分析日志"选项卡可以观察翘曲分析过程。

2.6.2 翘曲分析结果

窗口中弹出"分析完成"对话框后，表示分析已完成。翘曲分析结果如图 2-6-2 所示。

图 2-6-1 翘曲分析设置

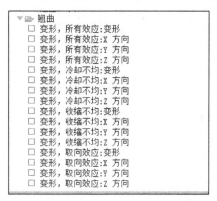

图 2-6-2 翘曲分析结果列表

1. 变形，所有效应：变形

"变形，所有效应：变形"是指塑件总体的变形程度。其结果如图 2-6-3 所示，显示的是模型上每一点的空间变形量。模型上变形量最大的部位在四个角，呈红色显示。单击"结果"选项卡中的"图形属性"按钮，弹出"图形属性"对话框，选择"变形"选项卡，如图 2-6-4 所示。在"比例因子值"文本框中输入"5"，使模型翘曲效果以 5 倍大小显示，勾选"与未变形零件叠加"，作为参照基准，单击"确定"按钮。

扫一扫微课

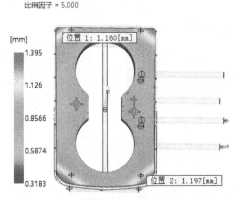

图 2-6-3 "变形，所有效应：变形"结果

扫一扫动画

图 2-6-4 "图形属性"对话框

在右键菜单中选择"检查"命令，打开"变形查询"对话框，单击"清除"，然后选择模型上的两个角作为节点，在"变形查询"对话框的上半部分显示的是这两个节点的序

号、变形前的空间坐标、变形后的空间坐标及变形量，下半部分显示的是这两个节点变形前的距离、变形后的距离、空间相对坐标及由此计算出的收缩量，如图 2-6-5 所示。

以上翘曲分析采用的是系统默认的"最适合"方式，如果需要通过其他标准观察翘曲情况，单击"结果"选项卡中的"可视化"按钮，打开图 2-6-6 所示的对话框，一共有 5 种定义翘曲值的方式，经常用到的有以下两种：

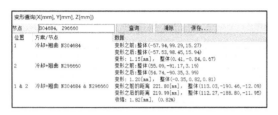

图 2-6-5 "变形查询"对话框   图 2-6-6 "锚"选项

（1）锚 首先定义锚面，选择一项翘曲显示结果，在模型上选择 3 个节点或在"锚节点"文本框里输入 3 个节点的序号来定义锚面。注意这 3 个节点不能位于同一条直线上。第 1 个节点作为锚的中心点，第 2 个节点只有在 X 方向上的位移自由度，第 3 个节点只有在 X 和 Y 方向上的位移自由度。单击"应用"按钮，结果如图 2-6-7 所示。模型上节点的变形量均以锚面为基准。单击"新建"按钮，可以定义新的锚面。单击"管理锚平面"按钮，弹出"锚"对话框，如图 2-6-8 所示，在该对话框中可以对锚面进行"激活""删除"和"重命名"操作。

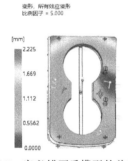

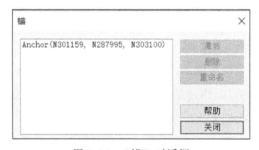

图 2-6-7 定义锚面后模型的总变形量   图 2-6-8 "锚"对话框

（2）最适合 为默认的模型翘曲值显示方式，如图 2-6-9 所示。其作用是将变形后的模型相对于未变形的原模型向后移。"最适合"方式可以很好地显示制件变形的形态，可以选

图 2-6-9 "最适合"选项

择以所有变形前的节点为参照，如图 2-6-10 所示；或指定原模型上部分节点为参照点，显示模型变形后的形态，例如：在"节点 ID"文本框中输入"306804"，模型变形后的形态如图 2-6-11 所示。

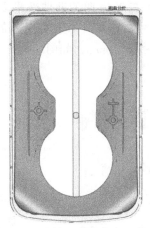 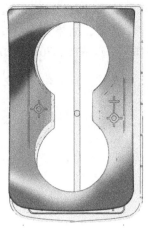

图 2-6-10　选择"所有节点"的变形　　　　图 2-6-11　选择参照点的变形

2. 变形，所有效应：X 方向

在"方案任务"窗口中勾选"变形，所有效应：X 方向"；单击"结果"选项卡中的"图形属性"按钮，在打开的对话框中选择"变形"选项卡，如图 2-6-12 所示，在"比例因子值"文本框中输入"10"，只勾选"X"，使模型在 X 方向的翘曲效果以 10 倍大小显示，单击"确定"按钮，结果如图 2-6-13 所示。制件在 X 方向的翘曲变形量为 $-0.6326 \sim 0.5704$mm。例如：节点 N307687 在 X 方向的变形量为 0.38mm，如图 2-6-14 所示。

 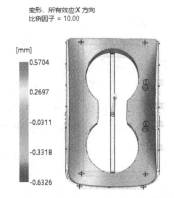

图 2-6-12　"图形属性"对话框　　　图 2-6-13　制件在 X 方向的变形量　　　扫一扫动画

变形查询(X[mm], Y[mm], Z[mm])				
节点	307687		查询　清除　保存...	
位置	方案/节点		数据	
1	冷却+翘曲 N307687		变形之前：整体(-49.04, 83.39, 14.82)	
			变形之后：整体(-48.66, 82.70, 15.08)	
			变形：0.82[mm]，整体(0.38, -0.68, 0.26)	

图 2-6-14　"变形查询"对话框

3. 变形，所有效应：Y 方向

在"方案任务"窗口中勾选"变形，所有效应：Y 方向"；单击"结果"选项卡中的"图形属性"按钮，在打开的对话框中选择"变形"选项卡，如图 2-6-15 所示，在"比例因子值"文本框中输入"10"，只勾选"Y"，使模型在 Y 方向的翘曲效果以 10 倍大小显示，单击"确定"按钮，结果如图 2-6-16 所示。制件在 Y 方向的翘曲变形量为 -0.9686 ~ 0.8597mm。例如：节点 N352870 在 Y 方向的变形量为 -0.76mm，如图 2-6-17 所示。

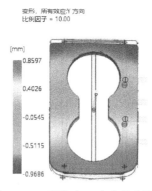

图 2-6-15 "图形属性"对话框　　　图 2-6-16 制件在 Y 方向的变形量　　　扫一扫动画

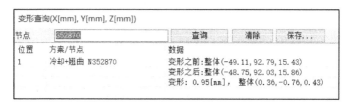

图 2-6-17 "变形查询"对话框

4. 变形，所有效应：Z 方向

在"方案任务"窗口中勾选"变形，所有效应：Z 方向"；单击"结果"选项卡中的"图形属性"按钮，在打开的对话框中选择"变形"选项卡，如图 2-6-18 所示，在"比例因子值"文本框中输入"10"，只勾选"Z"，使模型在 Z 方向的翘曲效果以 10 倍大小显示，单击"确定"按钮，结果如图 2-6-19 所示。制件在 Z 方向的翘曲变形量为 -0.9413 ~ 1.137mm。例如：节点 N309166 在 Z 方向的变形量为 0.82mm，如图 2-6-20 所示。

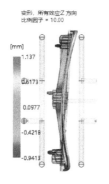

图 2-6-18 "图形属性"对话框　　　图 2-6-19 制件在 Z 方向的变形量　　　扫一扫动画

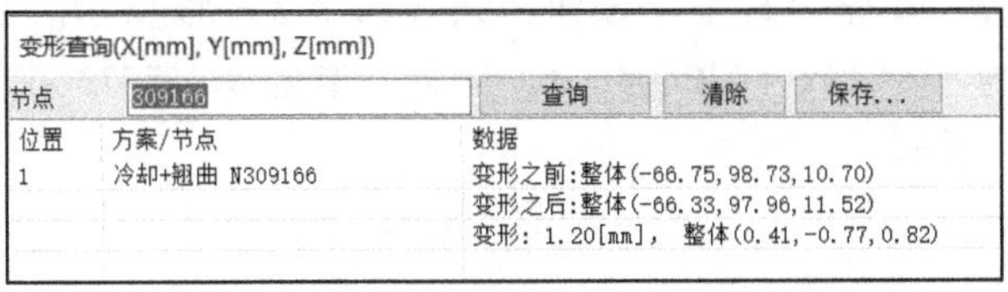

变形查询(X[mm], Y[mm], Z[mm])
节点 309166
查询
清除
保存...
位置
方案/节点
数据
1
冷却+翘曲 N309166
变形之前:整体(-66.75, 98.73, 10.70)
变形之后:整体(-66.33, 97.96, 11.52)
变形: 1.20[mm]， 整体(0.41, -0.77, 0.82)

图 2-6-20 “变形查询”对话框

5. 变形，冷却不均：变形

在“方案任务”窗口中勾选“变形，冷却不均：变形”；单击“结果”选项卡中的“图形属性”按钮，在打开的对话框中选择“变形”选项卡，如图 2-6-21 所示，在“比例因子值”文本框中输入“10”，勾选“X”“Y”“Z”，使模型在三个方向的翘曲效果以 10 倍大小显示，单击“确定”按钮，结果如图 2-6-22 所示。制件因冷却不均造成的变形量为 0.0007～0.2239mm。以节点 N304483 为例，总变形量为 0.01mm，如图 2-6-23 所示。

扫一扫微课

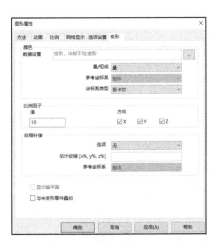

图形属性
方法
动画
比例
网格显示
选项设置
变形
颜色
数据设置
变形，冷却不均:变形
量/组成
量
参考坐标系
坐标系类型
笛卡尔
比例因子
值
10
方向
X
Y
Z
收缩补偿
选项
无
估计收缩 [x%, y%, z%]
参考坐标系
显示锚平面
与未变形零件叠加
确定
取消
应用(A)
帮助

图 2-6-21 “图形属性”对话框

变形，冷却不均:变形
比例因子 = 10.00
[mm]
0.2239
0.1681
0.1123
0.0565
0.0007

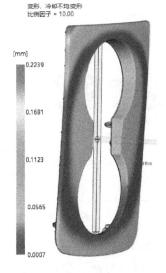

图 2-6-22 “变形，冷却不均：变形”结果

扫一扫动画

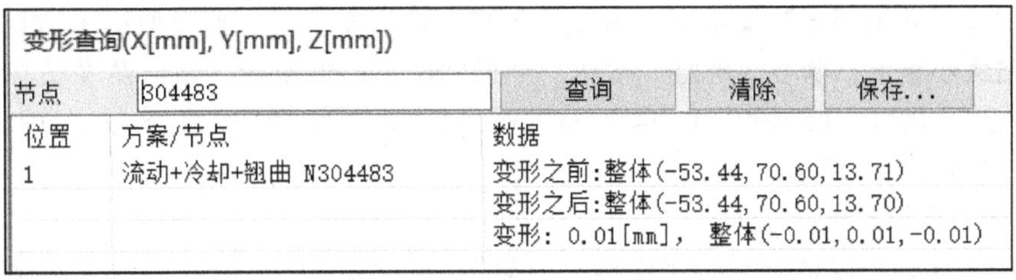

变形查询(X[mm], Y[mm], Z[mm])
节点 304483
查询
清除
保存...
位置
方案/节点
数据
1
流动+冷却+翘曲 N304483
变形之前:整体(-53.44, 70.60, 13.71)
变形之后:整体(-53.44, 70.60, 13.70)
变形: 0.01[mm]， 整体(-0.01, 0.01, -0.01)

图 2-6-23 “变形查询”对话框

6. 变形，冷却不均：X 方向

在“方案任务”窗口中勾选“变形，冷却不均：X 方向”；单击“结果”选项卡中的“图形属性”按钮，在打开的对话框中选择“变形”选项卡，如图 2-6-24 所示，为便于观察变形情况，在“比例因子值”文本框中输入“200”，只勾选“X”，使模型在 X 方向的翘曲

效果以 200 倍大小显示,单击"确定"按钮,结果如图 2-6-25 所示。制件在 X 方向因冷却不均引起的变形量为 $-0.0459 \sim 0.0414$mm。例如:节点 N317773 在 X 方向的变形量为 0.04mm,如图 2-6-26 所示。

图 2-6-24 "图形属性"对话框

图 2-6-25 冷却不均引起的在 X 方向的变形　　扫一扫动画

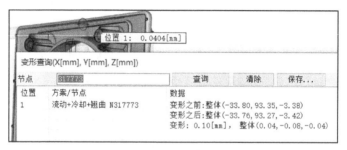

图 2-6-26 "变形查询"对话框

7. 变形,冷却不均:Y 方向

在"方案任务"窗口中勾选"变形,冷却不均:Y 方向";单击"结果"选项卡中的"图形属性"按钮,在打开的对话框中选择"变形"选项卡,如图 2-6-27 所示,为便于观察变形情况,在"比例因子"文本框中输入"200",只勾选"Y",使模型在 Y 方向的翘曲效果以 200 倍大小显示,单击"确定"按钮,结果如图 2-6-28 所示。制件在 Y 方向因冷却不均引起的变形量为 $-0.0807 \sim 0.0489$mm。例如:节点 N357165 在 Y 方向的变形量为 0.01mm,如图 2-6-29 所示。

8. 变形,冷却不均:Z 方向

在"方案任务"窗口中勾选"变形,冷却不均:Z 方向";单击"结果"选项卡中的"图形属性"按钮,在打开的对话框中选择"变形"选项卡,如图 2-6-30 所示,为便于观察变形情况,在"比例因子值"文本框中输入"200",只勾选"Z",使模型在 Z 方向的翘曲效果以 200 倍大小显示,单击"确定"按钮,结果如图 2-6-31 所示。制件在 Z 方向因冷却不均引起的变形量为 $-0.2234 \sim 0.0897$mm。例如:节点 N 361583 在 Z 方向的变形量为 0.07mm,如图 2-6-32 所示。

图 2-6-27　"图形属性"对话框

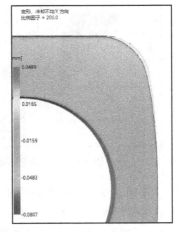

图 2-6-28　冷却不均引起的在 Y 方向的变形　扫一扫动画

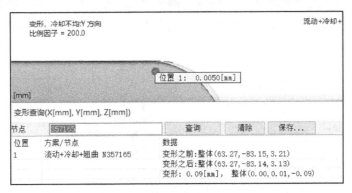

图 2-6-29　"变形查询"对话框

图 2-6-30　"图形属性"对话框

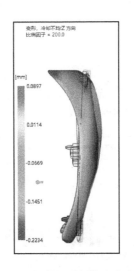

图 2-6-31　冷却不均引起的 Z 方向的变形　扫一扫动画

9. 变形，收缩不均：变形

在"方案任务"窗口中勾选"变形，收缩不均：变形"；单击"结果"选项卡中的"图

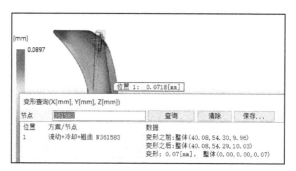

图 2-6-32 "变形查询"对话框

形属性"按钮,在打开的对话框中选择"变形"选项卡,如图 2-6-33 所示,为便于观察变形情况,在"比例因子值"文本框中输入"20",勾选"X""Y""Z",使模型在三个方向的翘曲效果以 20 倍大小显示,单击"确定"按钮,结果如图 2-6-34 所示。制件在 X、Y、Z 三个方向因收缩不均引起的总变形量为 0.2345~1.475mm。例如:节点 N 292348 的总变形量为 1.38mm,如图 2-6-35 所示。

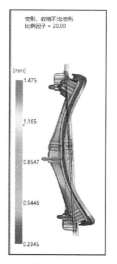

图 2-6-33 "图形属性"对话框　　图 2-6-34 收缩不均引起的变形　扫一扫动画

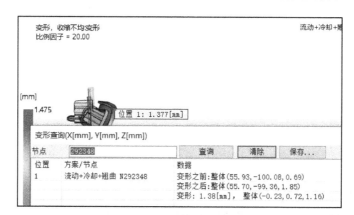

图 2-6-35 "变形查询"对话框

10. 变形, 收缩不均: X 方向

在"方案任务"窗口中勾选"变形, 收缩不均: X 方向"; 单击"结果"选项卡中的"图形属性"按钮, 在打开的对话框中选择"变形"选项卡, 如图 2-6-36 所示, 为便于观察变形情况, 在"比例因子值"文本框中输入"20", 只勾选"X", 使模型在 X 方向的翘曲效果以 20 倍大小显示, 单击"确定"按钮, 结果如图 2-6-37 所示。制件在 X 方向因收缩不均而引起的变形量为 −0.5707 ~ 0.5102mm。例如: 节点 N 360518 在 X 方向的变形量为 0.47mm, 如图 2-6-38 所示。

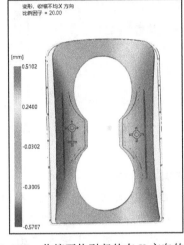

图 2-6-36 "图形属性"对话框　　图 2-6-37 收缩不均引起的在 X 方向的变形　　扫一扫画

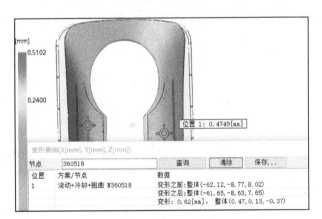

图 2-6-38 "变形查询"对话框

11. 变形, 收缩不均: Y 方向

在"方案任务"窗口中勾选"变形, 收缩不均: Y 方向"; 单击"结果"选项卡中的"图形属性"按钮, 在打开的对话框中选择"变形"选项卡, 如图 2-6-39 所示, 为便于观察变形情况, 在"比例因子值"文本框中输入"20", 只勾选"Y", 使模型在 Y 方向的翘曲效果以 20 倍大小显示, 单击"确定"按钮, 结果如图 2-6-40 所示。制件在 Y 方向因收缩不均而引起的变形量为 −0.9016 ~ 0.7609mm。例如: 节点 N 297364 在 Y 方向的变形量为 0.74mm, 如图 2-6-41 所示。

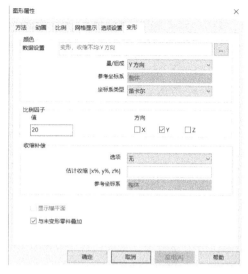

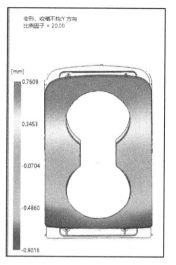

图 2-6-39 "图形属性"对话框

图 2-6-40 收缩不均引起的在 Y
方向的变形

扫一扫动画

12. 变形，收缩不均：Z 方向

在"方案任务"窗口中勾选"变形，收缩不均：Z 方向"；单击"结果"选项卡中的"图形属性"按钮，在打开的对话框中选择"变形"选项卡，如图 2-6-42 所示，为便于观察变形情况，在"比例因子值"文本框中输入"20"，只勾选"Z"，使模型在 Z 方向的翘曲效果以 20 倍大小显示，单击"确定"按钮，结果如图 2-6-43 所示。制件在 Z 方向因收缩不均而引起的变形量为－1.015～1.226mm。例如：节点 N 297364 在 Z 方向的变形量为0.93mm，如图 2-6-44 所示。

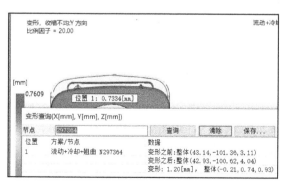

图 2-6-41 "变形查询"对话框

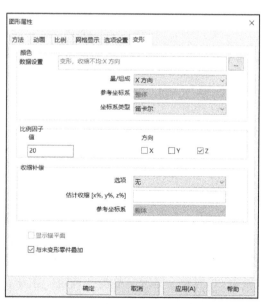

图 2-6-42 "图形属性"对话框

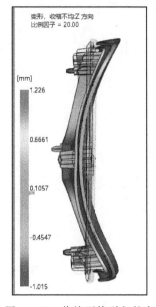

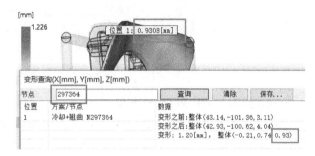

图 2-6-43　收缩不均引起的在　　扫一扫动画
　　　　　Z 方向的变形

图 2-6-44　"变形查询"对话框

13. 变形，取向效应：变形

在"方案任务"窗口中勾选"变形，取向效应：变形"；单击"结果"选项卡中的"图形属性"按钮，在打开的对话框中选择"变形"选项卡，如图 2-6-45 所示，为便于观察变形情况，在"比例因子值"文本框中输入"200"，勾选"X""Y""Z"，使模型在三个方向的翘曲效果以 200 倍大小显示，单击"确定"按钮，结果如图 2-6-46 所示。制件在三个方向上因取向效应引起的变形量为 $0\sim1\times10^{-7}$mm。例如：节点 N335306 的总变形量为 0mm，如图 2-6-47 所示。

扫一扫微课

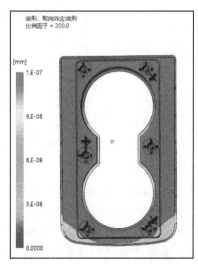

图 2-6-45　"图形属性"对话框　　　图 2-6-46　取向效应引起的变形　　扫一扫动画

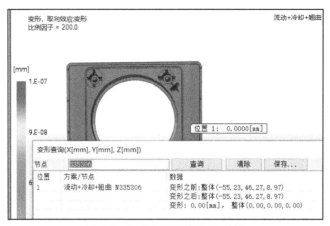

图 2-6-47 "变形查询"对话框

14. 变形,取向效应:X 方向

在"方案任务"窗口中勾选"变形,取向效应:X 方向";单击"结果"选项卡中的"图形属性"按钮,在打开的对话框中选择"变形"选项卡,如图 2-6-48 所示,为便于观察变形情况,在"比例因子值"文本框中输入"200",只勾选"X",使模型在 X 方向的翘曲效果以 200 倍大小显示,单击"确定"按钮,结果如图 2-6-49 所示。制件在 X 方向因取向效应而引起的变形量为 $-9 \times 10^{-10} \sim 1 \times 10^{-9}$ mm。例如:节点 N335306 在 X 方向的变形量为 0mm,如图 2-6-50 所示。

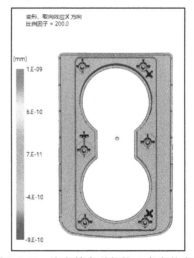

图 2-6-48 "图形属性"对话框　　　图 2-6-49 取向效应引起的 X 方向的变形　扫一扫动画

15. 变形,取向效应:Y 方向

在"方案任务"窗口中勾选"变形,取向效应:Y 方向",单击"结果"选项卡中的"图形属性"按钮,在打开的对话框中选择"变形"选项卡,如图 2-6-51 所示,为便于观察变形情况,在"比例因子值"文本框中输入"200",只勾选"Y",使模型在 Y 方向的翘曲效果以 200 倍大小显示,单击"确定"按钮,结果如图 2-6-52 所示。制件在 Y 方向因取向效应而引起的变形量为 $-7 \times 10^{-9} \sim 0$ mm。例如:节点 N338356 在 Y 方向的变形量为 0mm,如图 2-6-53 所示。

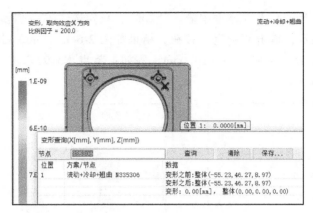

图 2-6-50 "变形查询"对话框

图 2-6-51 "图形属性"对话框

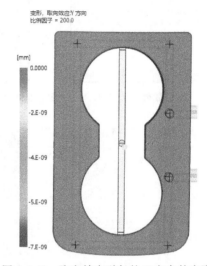

图 2-6-52 取向效应引起的 Y 方向的变形 扫一扫动画

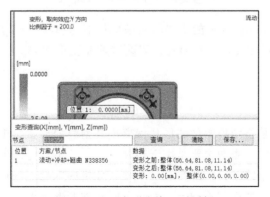

图 2-6-53 "变形查询"对话框

16. 变形,取向效应:Z 方向

在"方案任务"窗口中勾选"变形,取向效应:Z 方向";单击"结果"选项卡中的"图形属性"按钮,在打开的对话框中选择"变形"选项卡,如图 2-6-54 所示,为便于观察

变形情况，在"比例因子值"文本框中输入"200"，只勾选"Z"，使模型在 Z 方向的翘曲效果以 200 倍大小显示，单击"确定"按钮，结果如图 2-6-55 所示。制件在 Z 方向因取向效应而引起的变形量为 $-1\times10^{-7} \sim 6\times10^{-8}$mm。例如：节点 N319293 在 Z 方向的变形量为 0mm，如图 2-6-56 所示。

图 2-6-54 "图形属性"对话框   图 2-6-55 取向效应引起的 Z 方向的变形   扫一扫动画

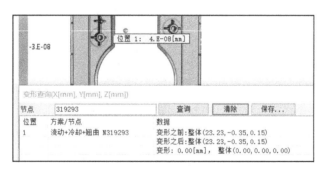

图 2-6-56 "变形查询"对话框

由此可见，引起杯座翘曲变形的主要因素是冷却不均和收缩不均。为了降低冷却不均和收缩不均的影响，建议优化冷却水路布局，以改善翘曲变形现象。

2.6.3 任务训练

1. 填空题

（1）_____变形是指塑料制件的形状偏离模具型腔的形状所规定的范围。

（2）注射成型过程中，翘曲主要是由于塑件_____不均匀产生的。

（3）翘曲分析不能单独进行，需要在_____分析的基础上进行。

（4）翘曲分析结果包括冷却不均与_____引起的变形结果。

（5）_____是指塑件总体的变形程度。

2. 判断题（正确的在括号内打"√"）

（1）熔融塑料通过尖锐的边角时，不会在强的剪切力下产生剪切热和剪切应力。

（ ）

（2）为了降低冷却不均和收缩不均的影响，可以优化冷却水路布局。　　（　　）

（3）在分析制件翘曲变形时，不需要考虑模具型腔的膨胀因素。　　（　　）

（4）翘曲变形与冷却系统无关。　　（　　）

（5）使用 Moldflow 软件进行翘曲分析时，采取一定措施可以有效控制翘曲变形。

（　　）

3. 操作题

进行杯座与仪表盒的翘曲分析，解释模流分析结果，形成分析报告，并提出改善翘曲变形的方案。

第2部分 实 战 篇

项目3   Moldflow在智能电表外壳注射模浇口优化设计中的应用

【任务导入】

随着国家电网的智能化发展，一些老式的电表不能实现远程抄表、实时计费等智能化要求，为满足发展需求，某企业研制开发了一种新型智能电表。图 3-0-1 所示为智能电表的外壳，本项目需完成以下任务：

图 3-0-1　智能电表外壳

1）智能电表外壳的成型工艺分析。

2）智能电表外壳的结构分析与模具总体方案设计。

3）分析经验设计的浇口对产品质量的影响。

4）Moldflow 分析前准备。

5）应用 Moldflow 进行浇口分析与比较。

6）根据 Moldflow 分析结果对浇口设计进行优化。

任务 1　智能电表外壳的成型工艺分析

智能电表外壳要求具有良好的阻燃性、抗冲击性、较高的强度和尺寸稳定性等，选用 PC+ABS 塑料合金可以满足其使用性能、工艺性能和经济性能的要求。该产品进行大批量生产，这种塑料合金具有良好的流动性，适宜采用注射成型。成型温度不能太高或太低，温度太高会引起 ABS 发生分解；温度太低则会造成 PC 流动性不好，不利于注射成型，成型温度应控制在 240~265℃范围内。

任务 2　智能电表外壳的结构分析与模具总体方案设计

智能电表外壳的最大外形尺寸为 680mm×375mm×84mm，壁厚均匀，为 2.5mm，属于大型的薄壁类塑件，与其他部件的配合部分尺寸精度为 MT2 级，表面要求光滑、无气泡、缩痕等缺陷，属于高精度、高质量塑件。

根据产品的结构特点与精度要求，结合企业现有的生产能力，采用冷流道模具；由于塑件较大，模具采用一模一腔的结构。

任务3 分析经验设计的浇口对产品质量的影响

智能电表外壳注射模采用冷流道，结构简单，成本经济。由于模具精度会影响产品质量，而浇口是模具的关键结构之一。如果浇口设计不合理，会使产品出现成型不足、飞边、缩痕等缺陷，影响成型周期与生产成本。浇口的设计包括浇口形式、浇口数量及浇口位置的确定。针对智能电表外壳注射模的设计，根据实践经验采用 2 个侧浇口，如图 3-3-1 所示。试模时，产品出现了银纹、欠注等缺陷，如图 3-3-2 所示。

图 3-3-1 浇口设计

a) 银纹

b) 欠注

图 3-3-2 成型缺陷

3.3.1 银纹产生的原因及解决方法

银纹是高聚物在溶剂、紫外光、机械力和内应力等作用下引发的形同微裂纹状的缺陷，在光线照射下呈现银白色光泽。银纹和裂纹极相似，不同之处在于裂纹中间是空的，银纹中间的空洞中有银纹质相连。银纹发展变粗，银纹质断裂，即形成裂纹。银纹的出现和发展会使材料的机械性能迅速变差，塑件成型后，在熔体流动的方向上出现银色的条纹。

1. 可能产生银纹的原因

1）塑料配料不当或塑料粒料不均，掺杂或比例不当。

2）塑料中含水分高，或有低挥发物掺入。

3）模具表面有水分、润滑油，脱模剂过多或使用不当。

4）模具排气不良，熔体由薄壁区流入厚壁区时膨胀，挥发物汽化后与模具表面接触液化，生成银丝。

5）模具温度低，注射压力小，注射速度小，熔体填充慢，冷却快，形成白色或银白色反射光薄层。

6）塑料温度太高或背压太高。

7）料筒或喷嘴有障碍物或毛刺。

2. 解决银纹的方法

1）严格控制塑料配方比例，混料应粗细均一，保证塑化完全。

2）生产前对塑料进行干燥，避免污染。

3）擦干模具表面水分或油污，合理使用脱模剂。

4）改进模具设计，尽量严格控制塑料原料的配方比例和减少原料污染。

5）增加模温，增加注射压力和速度，延长冷却时间和成型周期时间。

6）降低料筒温度，或降低螺杆转速，使螺杆所受的背压减少。

7）检查料筒和喷嘴，如浇注系统表面太粗糙，应改进和提高其表面质量。

3.3.2　欠注产生的原因及解决方法

欠注又称为短射、充填不足、制件不满，指料流末端出现部分不完整现象或一模多腔中一部分填充不满，特别是薄壁区或流动路径的末端区域。其结果表现为熔体在没有充满型腔就冷凝了，熔体进入型腔后没有充填完全，导致产品缺料。

1. 欠注产生的原因

1）塑料材料的流动性差。

2）模具排气不良。

3）成型工艺条件控制不当。

4）注塑机选型不当。

5）模具浇注系统设计不合理。

6）制件结构设计不合理。

2. 解决欠注的方法

1）加工时选用流动性好的材料。

2）添加改善流动性的助剂。

3）减少原料中再生料的掺入量。

4）适当提高料筒、喷嘴温度。

5）提高注射压力和注射速度。

6）适当加大流道及浇口的尺寸，改进模具排气设计。

7）选用注塑机时，必须使实际所需料量不超过注塑机最大塑化量的85%。

根据以上分析，发现除修模外无法通过调整工艺参数等其他途径解决银纹与欠注问题。由于模具成本较高，为提高修模成功率，先采用Moldflow对浇口设计进行分析。

任务4　Moldflow 分析前准备

3.4.1　应用 Moldflow CAD Doctor 简化模型

为提高处理速度和分析的准确性，先将智能电表外壳实体的模型导入Moldflow CAD Doctor软件中，将一些小特征（如小圆角、小倒角等）去掉，生成较高质量的实体模型。

1）打开Moldflow CAD Doctor软件，单击 📄（或单击菜单"文件"→"导入"命令），导入模型文件"dianbiao. igs"，如图3-4-1所示。

2）在"形成"选项卡中选择"简化"，如图3-4-2所示。简化的作用是自动检测特征，如圆角、倒角、圆孔等，如图3-4-3所示。去除这些特征，

图 3-4-1　导入电表外壳模型

可以简化模型的几何形状。

图 3-4-2　选择"简化"

图 3-4-3　特征清单

3）根据模型简化的标准，改变检测的"阈值"范围，见表 3-4-1。

表 3-4-1　模型简化基本标准

	圆角 R	倒角 C	孔径 ϕ	台阶高度 H	圆柱外径 ϕ	凸凹面高度 H	备　　注	
大型制件	$0.5t$	$0.5t$	3	1	3	0.5	保险杠、仪表板、门板等	表中数据为去除特征最大值；t 为制件壁厚
中型制件	$0.5t$	$0.5t$	2	1	2	0.5	护板类、副仪表板、扰流板等	
精密制件	$0.5t$	$0.5t$	1	0.5	1	0.3	车灯、门把手、控制面板、杂物箱等	

　　电表外壳是大型制件，壁厚 t 为 2.5mm。根据表 3-4-1，模型的简化尺寸为：圆角 $R=$ 1.25mm，倒角 $C=1.25$mm，孔径 $\phi=3$mm，台阶高度 $H=1$mm，圆柱外径 $\phi=3$mm，凸凹面高度 $H=0.5$mm。例如：在特征清单中，用鼠标右键单击"圆角"检查项目，选择"修改阈值"，将打开图 3-4-4 所示对话框，设置圆角的最大值为 1.25mm，单击"OK"，依次改变"倒角"等阈值，更改后如图 3-4-5 所示。

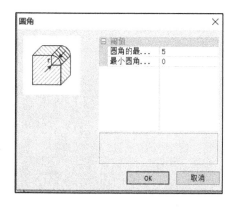

图 3-4-4　"圆角"对话框

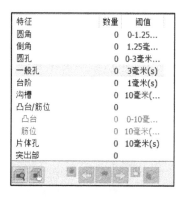

图 3-4-5　改变后的阈值

4）在特征清单中依次选中要去除的特征，单击"自动识别"按钮，如图 3-4-6 所示。选中的特征类别将被自动检测，检测结果在阈值范围内时，将显示"编辑工具"，如图 3-4-7 所示，单击"移除"按钮，可去除相应的特征。

图 3-4-6　自动检测　　　　　　　　　　　　图 3-4-7　编辑工具

5）单击"种类清单"→"显示类型列表"，进行模型几何特征修复，如图 3-4-8 所示。选择需要修复的类型，利用图 3-4-9 与图 3-4-10 所示修复工具进行修复。

类型	错误	严...
自由边	776	中度
自由边环路	144	中度
重复使用边	0	
壁中的不一致面	6	轻度
微小曲线或线段（曲线）	0	
狭长面	19	重度
曲面纵横比	13	中度
自相交曲线	0	
曲线间的间隙	0	
尖边角	6	重度
相交环路	0	
自相交环路	0	

图 3-4-8　模型修复类型　　　　　　　　　图 3-4-9　模型修复工具

6）完成模型简化后，选择"转换"模式（图 3-4-2），并导出文档。

3.4.2　生成网格

在 Moldflow 软件中打开简化后的智能电表外壳模型，选择"双层面"网格类型，并进行网格划分，生成有限元网格模型，如图 3-4-11

图 3-4-10　模型修改工具

所示。网格统计显示，其匹配百分比为 86.1%，如图 3-4-12 所示，满足分析要求，但最大纵横比为 85.3，需要修复到 6 以下，以保证分析准确。

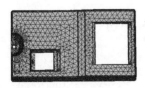

图 3-4-11　网格模型

```
三角形纵横比
    最小纵横比            1.156000
    最大纵横比           85.327000
    平均纵横比            4.477000

匹配百分比
    匹配百分比             86.1%
    相互百分比             83.0%
```

图 3-4-12　网格统计

3.4.3 网格修复

经网格纵横比诊断，大于6的单元数是2973个，如图3-4-13所示。有线条指出的单元的纵横比大于6，需要进行修复。修复的方法有自动和手动两种。

先进行自动修复，采用网格修复向导工具对自由边、孔、突出单元、重叠单元及纵横比进行自动修复，结果发现，纵横比自动修复了1532个单元，但模型已经严重变形，如图3-4-14所示。因此必须采用手动修复。

纵横比修复是Moldflow应用的难关，需要分析人员非常细心和有耐心，同时具有丰富的手动修复经验。手动修复纵横比的模型不会发生变形，但由于该产品模型需要修复的三角形数量过多，在修复过程中可能会出现人为失误，如产生自由边、单元重叠等，因此，手动修复纵横比后还需检查有无自由边、重叠单元和孔等，如果存在这些缺陷，还需要对它们进行修复，以确保分析结果的准确性。

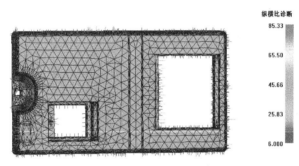

图3-4-13 纵横比诊断结果

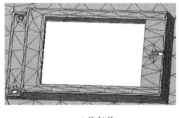

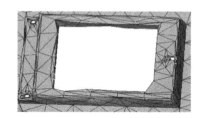

a) 修复前   b) 修复后

图3-4-14 自动修复模型对比

3.4.4 材料选择与工艺参数的设置

在"方案任务"窗口中，选择材料PC+ABS，设置熔体温度为265℃，模具温度为80℃，注射压力为120MPa，保压压力为48MPa。

任务5 应用Moldflow进行浇口分析与比较

3.5.1 确定浇口位置

模具设计时，对浇口的位置要求比较严格，无论采用什么形式的浇口，其开设的位置对塑件的成型性能及成型质量影响均很大。因此，合理选择浇口的开设位置是提高塑件质量的重要环节，同时，浇口位置不同，还会影响模具的结构。总之，要使塑件具有良好的性能与外观质量，要使塑件的成型在技术上可行、经济上合理，一定要认真考虑浇口位置的选择。一般在选择浇口位置时，需要根据塑件的结构及工艺特征、成型质量、技术要求、塑料熔体在模内的流动特性和成型条件等因素进行综合分析。

1. 尽量缩短流动距离

浇口位置的安排应保证塑料熔体能迅速和均匀地充填模具型腔，应尽量缩短熔体的流动距离，这对大型塑件更为重要。

2. 浇口应开设在塑件壁最厚处

当塑件的壁厚相差较大时，若将浇口开设在塑件的薄壁处，塑料熔体进入型腔后，不但流动阻力大，而且还易冷却，以致影响熔体的流动距离，难以保证熔体充满整个型腔。另外，从补缩的角度考虑，塑件截面最厚的部位经常是塑料熔体最晚固化的地方，若浇口开设在薄壁处，则厚壁处极易因液态体积收缩得不到补缩而形成表面凹陷或真空泡。因此，为保证塑料熔体的充模流动性，也为了压力有效地传递，以及液态体积收缩时轻易进行补料，一般浇口的位置应开设在塑件壁最厚处。

3. 尽量减少或避免熔接痕

由于成型零件结构或浇口位置不同，有时塑料熔体充填型腔时会造成两股或多股熔体的汇合，汇合之处在塑件上就形成熔接痕。熔接痕会降低塑件的强度，并有损于外观质量，这在成型玻璃纤维增强塑料的制件时尤其严重。一般采用直接浇口、点浇口、环形浇口等，可避免熔接痕的产生。有时为了增加熔体汇合处的强度，可以在熔接处外侧开设冷料穴，将前锋冷料引入其内，以提高熔接强度。在选择浇口位置时，还应考虑熔接痕对塑件质量及强度的不同影响。

4. 应有利于型腔中气体的排除

要避免在容易造成气体滞留的方向开设浇口。气体滞留易导致缺料、气泡，在塑件上产生焦斑，熔体充填时也不顺畅。虽然有时可通过排气系统来解决，但在选择浇口位置时应先行加以考虑。

5. 考虑分子取向的影响

充填模具型腔期间，热塑性塑料会在熔体流动方向上呈现一定的分子取向，这将影响塑件的性能。对某一塑件而言，垂直流向和平行于流向的强度及应力开裂倾向等都是有差别的，一般在垂直于流向的方向上强度降低，容易产生应力开裂。

6. 避免产生喷射和蠕动（蛇形流）

塑料熔体的流动主要受塑件的形状、尺寸及浇口的位置、尺寸影响，良好的流动将保证模具型腔均匀充填并防止发成分层。塑料喷射进入型腔可能会导致表面缺陷、流线、熔体破裂及夹气。如果通过一个狭窄的浇口充填一个相对较大的型腔，对流动的影响更显著。

7. 浇口位置的选择应不影响塑件外观质量

选择浇口位置时，除了保证成型性能和塑件的使用性能，还应注意外观质量，即应选择在不影响塑件商品价值的部位或容易处理浇口痕迹的部位开设浇口。

智能电表外壳表面质量要求高，又是大型塑件，因此浇口位置的确定尤为重要。在确定浇口位置时，首先要保证熔体能迅速均匀地充满型腔，尽量地缩短流动距离。经 Moldflow 分析，其最佳浇口位置为图 3-5-1 所示的中心蓝色区域，其次是浅蓝色区域，边角红色区域为最差位置。流动阻力分析结果如图 3-5-2 所示，中心区域阻力最小，边角红色区域阻力最大。在注射成型过程中，流动阻力越大，充填速度越慢，越容易出现成型不足、气穴、烧焦等缺陷。对于该塑件，如果浇口位置开设在中心蓝色区域，塑料流程较长，在产品末端易出现成型不足，因此浇口位置选择在浅蓝色区域较为合理，与经验设计选择的浇口位置相同。

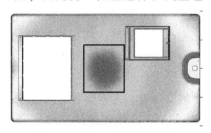 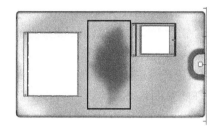

图 3-5-1　浇口位置分析结果　　　　图 3-5-2　流动阻力分析结果

3.5.2　选择浇口形式

浇口一般分为非限制性浇口和限制性浇口两种形式，下面介绍几种工程中常用的浇口类型。

1. 非限制性浇口

非限制性浇口又称为直浇口，如图 3-5-3 所示，其特点是塑料熔体直接流入型腔，压力损失小，进料速度快，成型较容易，对各种塑料都适用。直浇口具有传递压力好、保压补缩作用强、模具结构简单紧凑、制造方便等优点；但去除浇口困难，浇口痕迹明显，浇口附近因热量集中而冷凝迟缓，容易产生较大的内应力，也易于产生缩坑或表面凹陷。适用于大型塑件和厚壁塑件等。

2. 限制性浇口

型腔与分流道之间采用一段距离很短、截面很小的通道相连接，此通道称为限制性浇口，它对浇口的厚度及快速凝固等可以进行限制。限制性浇口的主要类型有以下几种。

（1）点浇口　点浇口是一种截面尺寸很小的圆形浇口，如图 3-5-4 所示。点浇口的优点是：浇口位置限制小；去除浇口后残留痕迹小，不影响塑件外观；开模时浇口可自动拉断，有利于自动化操作；浇口附件补料造成的应力小等。其缺点是：压力损失大，模具必须采用三板模结构或无流道的两板模结构，模具结构复杂。

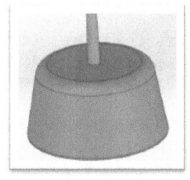 

图 3-5-3　直浇口　　　　　　　　图 3-5-4　点浇口

（2）潜伏式浇口　潜伏式浇口是由点浇口演变而来，其分流道开设在分型面上，浇口潜入分型面下面，沿斜向进入型腔，如图3-5-5所示。潜伏式浇口除了具有点浇口的特点外，其进料浇口一般都开设在塑件的内表面或侧面隐蔽处，因此不影响塑件外观；塑件和流道分别设置推出机构，开模时浇口即被自动切断，流道凝料自动脱落。

（3）侧浇口　侧浇口又称为边缘浇口，一般开设在分型面上，从型腔（塑件）外侧面进料，如图3-5-6所示。典型的侧浇口是矩形截面浇口，能方便地调整充模时的剪切速率和浇口封闭时间，因而也被称为标准浇口。侧浇口的特点是：浇口截面形状简单，加工方便，能对浇口尺寸进行精密加工；浇口位置选择灵活，便于改善充模状况；不必卸模就能进行修正；去除浇口方便，痕迹小。侧浇口特别适用于两板式多腔模具。但是，采用侧浇口时，塑件容易形成熔接痕、锁孔、凹陷等缺陷，注射压力损失大；对于壳体类塑件，易造成排气不良。

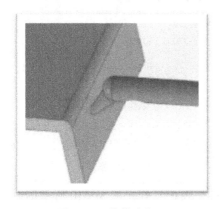

图 3-5-5　潜伏式浇口

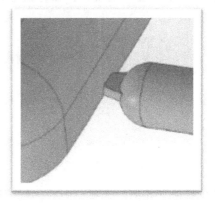

图 3-5-6　侧浇口基本形式

（4）扇形浇口　扇形浇口是逐渐展开的浇口，是侧浇口的变异形式，常用来成型宽度较大的板状塑件，如图3-5-6所示。浇口沿进料方向逐渐变宽，厚度逐渐减至最薄。塑料熔体在宽度方向上得到均匀分配，可降低塑件内应力，减小翘曲变形；型腔排气良好，避免带入空气。但浇口切除困难，浇口痕迹明显。

（5）牛角浇口　牛角浇口在型芯的锥形断面上开设流道，如图3-5-7所示，主要用于内孔较小的长管形塑件或同轴度要求高的塑件。

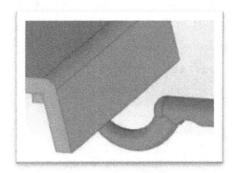

图 3-5-7　牛角浇口基本形式

智能电表外壳如果采用直浇口，其截面较大，去除困难，会在产品的表面留下较大痕迹，影响产品的美观，故不宜选用；如果采用点浇口，PC+ABS塑料熔体粘度高，浇口凝固较早，该塑件尺寸较大，不利于成型，因此选择侧浇口较适宜。由于该塑件属于大型扁平类制件，为使塑料熔体快速充满型腔，可采用扇形浇口，确保在宽度方向上的流动得到均匀分配，应力较小，还可避免流纹等带来的不良影响，减少带入空气的可能性。

3.5.3　确定浇口数目

该产品属于大型塑件，且结构不对称，如果只采用一个侧浇口，熔体不能迅速且均匀地充满型腔，成型周期长，产品易出现开裂、成型不足或缩痕等缺陷；但是如果浇口数目过多，又会导致塑件出现熔接痕，影响产品的美观及强度，因此考虑采用 2~3 个浇口。

3.5.4 建立浇注系统

在 Moldflow 软件中，有手动创建、自动创建与导入曲线创建 3 种创建浇注系统的方式。自动创建方便快捷，但对浇口的数量和形式有局限性，有时无法满足用户需求。导入曲线创建需要先在 UG 等三维建模软件中创建浇注系统中心线。本案例适宜手动创建浇注系统。

1）单击 "几何" 选项卡中的 "在坐标之间的节点" 按钮，打开图 3-5-8 所示的对话框。选择模型上的节点 1（0，120.4，-19.5）和节点 2（0，120.4，-23），设置 "节点数" 为 "1"，单击 "应用" 按钮，创建节点 3，如图 3-5-9 所示。

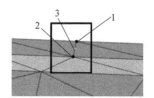

图 3-5-8 "在坐标之间的节点" 对话框   图 3-5-9 创建节点 3

2）单击 "几何" 选项卡中的 "按偏移定义节点" 按钮，打开图 3-5-10 所示的对话框。"基准" 选择节点 3（0，120.4，-21.25），在 "偏移" 文本框中输入 "-88 0 0"，设置 "节点数" 为 "1"，单击 "应用" 按钮，创建节点 4，即扇形浇口与模型连接的中心点，如图 3-5-11 所示。

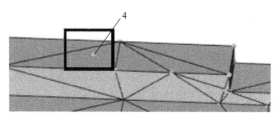

图 3-5-10 "按偏移定义节点" 对话框   图 3-5-11 创建节点 4

3）单击 "几何" 选项卡中的 "创建直线" 按钮，打开图 3-5-12 所示的对话框。第一点选择节点 4（-88，120.4，-21.25），点选 "相对"，在 "第二" 文本框中输入 "0 3 0"，单击 "应用" 按钮，创建直线 a，即扇形浇口的直线，如图 3-5-13 所示。

4）继续创建分流道直线 1，如图 3-5-14 所示，第一点选择直线 a 的末端点（-88，123.4，-21.25），点选 "相对"，在 "第二" 文本框中输入 "0 16 0"，单击 "应用" 按钮，创建直线 b，即分流道直线 1，如图 3-5-15 所示。

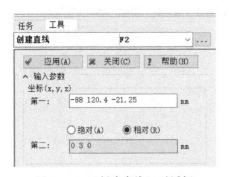

图 3-5-12　"创建直线"对话框

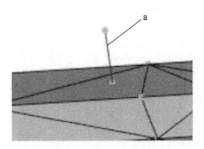

图 3-5-13　创建浇口直线 a

图 3-5-14　"创建直线"对话框

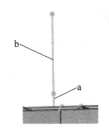

图 3-5-15　创建直线 b

5）继续创建分流道直线 2，如图 3-5-16 所示，第一点选择直线 b 的末端点（-88，139.4，-21.25），点选"相对"，在"第二"文本框中输入"88 0 0"，单击"应用"按钮，创建直线 c，即分流道直线 2，如图 3-5-17 所示。

图 3-5-16　"创建直线"对话框

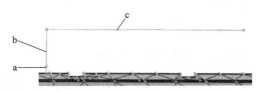

图 3-5-17　创建直线 c

6）选择直线 a，在右键菜单中选择"更改属性类型"，打开图 3-5-18 所示的对话框；选择"冷浇口"，单击"确定"按钮，即将直线 a 的属性定义为"冷浇口"。用同样的方法依次将直线 b、c 的属性定义为"冷流道"。

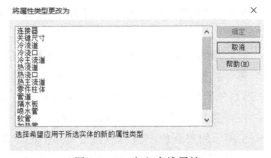

图 3-5-18　定义直线属性

7）单击"几何"选项卡中的"镜像"按钮，打开图 3-5-19 所示的对话框。选择直线 a、b、c 为要复制的对象，选择"YZ 平面"为镜像平面，对称的参考点选择直线 c 的末端点（0，139.4，-21.25），点选"复制"

和"复制到现有层",单击"应用"按钮,创建直线 d、e、f,如图 3-5-20 所示。

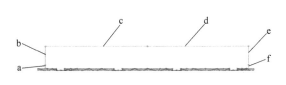

图 3-5-19 "镜像"对话框 　　　　　　　　　图 3-5-20 创建直线 d、e、f

8)单击"几何"选项卡中的"创建直线"按钮,打开图 3-5-21 所示的对话框。第一点选择直线 c 的末端点(0,139.4,-21.25),点选"相对",在"第二"文本框中输入"0 0 145",单击"应用"按钮,创建直线 g,即主流道直线,如图 3-5-22 所示。

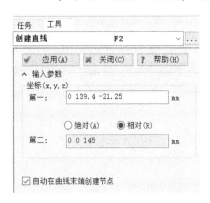

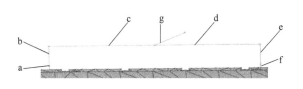

图 3-5-21 "创建直线"对话框 　　　　　　　图 3-5-22 创建直线 g

9)选择直线 g,在右键菜单中选择"更改属性类型",在打开的对话框中选择"冷主流道",单击"确定"按钮,即将直线 g 的属性定义为冷主流道。

10)选择该工程,在右键菜单中选择"重复",并将复制的文件命名为"分析 3 个浇口"。

11)继续建立"分析 2 个浇口"工程的浇注系统模型。单击"网格"选项卡中的"生成网格"按钮,打开图 3-5-23 所示的对话框;"全局边长"采用默认值"27.17",单击"立即划分网格"按钮,浇注系统网格划分后如图 3-5-24 所示。

12)选择"分析 3 个浇口"工程,单击"网格"选项卡中的"平移"按钮,打开图 3-5-25 所示的对话框,选择直线 a 与 b,在"矢量"文本框中输入"88 0 0",点选"复制"和"复制到现有层",设置"数量"为"1",单击"应用"按钮,创建直线 h、i,如图 3-5-26 所示。

13)选择直线 i,在右键菜单中选择"属性",打开图 3-5-27 所示的对话框,将"出现次数"设置为"3"。

14）选择直线 h，在右键菜单中选择"属性"，打开图 3-5-28 所示的对话框，将"出现次数"设置为"3"。

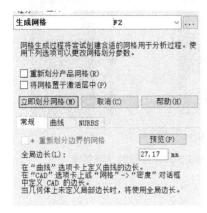

图 3-5-23　"生成网格"对话框

图 3-5-24　2 个浇口的浇注系统模型

图 3-5-25　"平移"对话框

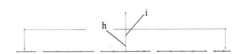

图 3-5-26　创建直线 h、i

图 3-5-27　设置直线 i 属性

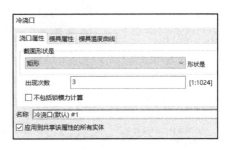

图 3-5-28　设置直线 h 属性

15）单击"网格"选项卡中的"生成网格"按钮，打开"生成网格"对话框；"全局边长"采用默认值"27.17"，单击"立即划分网格"按钮，浇注系统网格划分后如图 3-5-29 所示。

16）分别对 2 个浇口和 3 个浇口的浇注系统的连通性进行诊断。单击"网格"选项卡中的"连通性"按钮，打

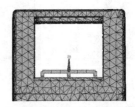

图 3-5-29　3 个浇口的浇注系统模型

开图 3-5-30 所示的对话框；选择浇注系统上的任意一个网格单元，单击"显示"按钮。如图 3-5-31 所示，网格均已连接。

图 3-5-30 "连通性诊断"对话框

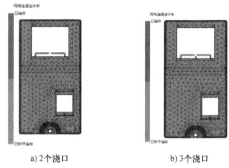

a) 2个浇口   b) 3个浇口

图 3-5-31 连通性诊断结果

3.5.5 浇口分析结果比较

通过 Moldflow 软件分别对 2 个浇口和 3 个浇口的浇注系统进行充填+保压分析，发现两者在充填时间（图 3-5-32）、顶出时的体积收缩率（图 3-5-33）、缩痕指数（图 3-5-34）、充填结束时的冻结层因子（图 3-5-35）、流动前沿温度（图 3-5-36）等指标上均存在差异，比较结果见表 3-5-1。这些指标对塑件的成型质量有较大影响，会造成远离浇口的塑件端部出现成型不足等缺陷。从表 3-5-1 可以看出，采用 3 个浇口成型时在充填时间、顶出时的体积收缩率、缩痕指数、冻结层因子上比 2 个浇口要少，且流动前沿温度要高些，因此 3 个浇口的更利于塑件端部成型，减少其出现成型不足等缺陷。

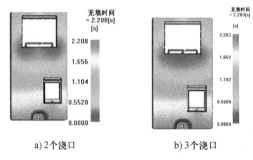

a) 2个浇口   b) 3个浇口

图 3-5-32 充填时间

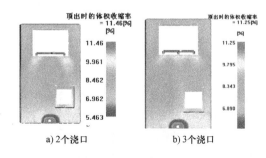

a) 2个浇口   b) 3个浇口

图 3-5-33 顶出时的体积收缩率

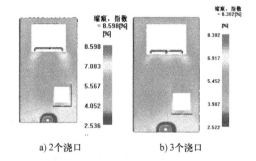

a) 2个浇口   b) 3个浇口

图 3-5-34 缩痕指数

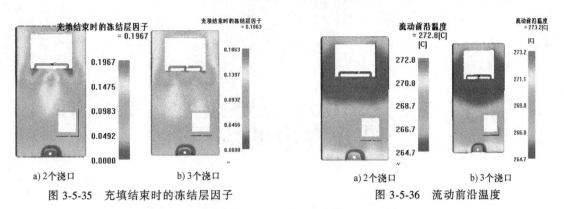

a) 2个浇口　　　b) 3个浇口
图 3-5-35　充填结束时的冻结层因子

a) 2个浇口　　　b) 3个浇口
图 3-5-36　流动前沿温度

表 3-5-1　2 个浇口与 3 个浇口浇注系统的 CAE 分析结果比较

指　　标	浇口数目		结果比较
	2	3	
充填时间/s	2.208	2.203	-0.005
顶出时的体积收缩率（%）	11.46	11.25	-0.21
流动前沿温度/℃	272.8	273.2	0.4
缩痕指数（%）	8.598	8.382	-0.216
充填结束时的冻结层因子	0.1967	0.1863	-0.0104

任务 6　根据 Moldflow 分析结果对浇口设计进行优化

由表 3-5-1 可以得出以下结论：

1）凭借经验设计的模具出现的成型缺陷和 CAE 分析结果相近。

2）与采用 2 个浇口相比，具有 3 个浇口的模具的成型质量好。

因此，在原模具（采用 2 个浇口）上增加一个与原浇口截面形状和尺寸均相同的侧浇口，试模后产品达到成型要求，如图 3-6-1 所示，解决了原模具成型时出现的银纹、成型不足等缺陷问题。

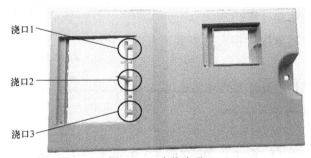

浇口1
浇口2
浇口3

图 3-6-1　合格产品

应用 Moldflow 的分析结果，对智能电表外壳注射模设计具有良好的指导性作用，优化了该模具的设计方案，提高了试模成功率，节约了制造模具的成本，满足了新材料、新工艺的发展需求。在本案例中，应用了 CAE 技术对经验设计的浇口进行分析，得出了和实践生产中相近的结果，同时对浇口设计方案进行优化，为企业解决技术问题提供了有效的方法。当前，一些塑料模仍凭经验设计，随着产品要求的不断提高，实践经验已不能完全满足发展要求，只有与先进的 CAE 技术相结合，才能促进模具技术的发展。

项目4 Moldflow在螺纹管接头注射模开发中的应用

【项目导入】

目前很多塑件都带有螺纹，如数码相机的镜头座和各种连通器等。螺纹塑件，尤其是螺纹部分，对注射成型质量要求较高，要尽量避免气泡等缺陷的产生，采用 Moldflow 软件可以进行成型缺陷分析，指导注射模设计。其次，要考虑脱螺纹的问题，以保证螺纹产品的质量和生产率，对于那些带螺纹的精密光学仪器尤为重要。目前常用的脱螺纹机构有手动脱螺纹、电动机带动链轮、链条自动脱螺纹或液压缸带动齿轮、齿条自动脱螺纹等，对于精度要求不高的热塑性产品，还能采用强制脱螺纹或瓣合模脱螺纹，这些脱螺纹机构主要集中设置在模具的一侧。当塑件上同时存在内、外螺纹且螺纹尺寸不同时，现有的注射模大多采用分开抽芯，这种方式使得模具结构较为复杂，需要两次脱螺纹动作，成型周期长，开模行程长。

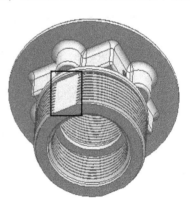

图 4-0-1 所示为螺纹管接头，此螺纹管接头用于水处理设备中，要求其与管道连接后密封性较好，螺纹部分有一定的强度和刚度。本项目需完成以下任务：

1）螺纹管接头的结构分析。

2）应用 Moldflow 对螺纹管接头的成型工艺进行分析比较。

图 4-0-1　螺纹管接头

3）自动脱螺纹机构的设计及其动作过程。

4）滑块抽芯自动脱模机构设计。

任务1　螺纹管接头的结构分析

螺纹管接头采用 ABS 材料注射成型，进行大批量生产，脱螺纹时采用动、定模同步自动脱螺纹和滑块机构。管接头上有三段螺纹，一段外螺纹和两段内螺纹，其中外螺纹长度为 19.7mm，直径为 63mm，一段内螺纹长 19.3mm，直径为 47.7mm，另一段内螺纹长 25.5mm，直径为 48.6mm，两段内螺纹中间有一凸起的台阶，孔径为 38.3mm，宽度为 7.7mm。塑件壁厚不均匀，且螺纹壁较厚。

任务2　应用 Moldflow 对螺纹管接头的成型工艺进行分析比较

4.2.1　螺纹管接头实体网格模型的创建

使用 Moldflow 软件进行充填分析，为提高分析精度，保证分析结果的正确性与准确度，模流分析前先采用前处理软件 Moldflow CAD Doctor 去掉塑件上一些不重要的小特征，如倒角、圆角，这样可以大大提高网格划分质量和分析运算效率。

运行 Moldflow 软件，打开经过 Moldflow CAD Doctor 处理后的螺纹管接头模型，初选"双层面"网格，"全局边长"设为"2"，划分网格，网格匹配百分比仅为60.2%。根据经验，双层面网格匹配百分比要达到85%~90%以上才能获得较好的分析准确性。案例中所得的网格匹配百分比远小于要求值，且已无法通过减小全局边长或其他方法增加匹配百分率，这种情况下需选择对网格质量无要求的实体网格类型，同时，也进一步证明了双层面网格只适用于薄壁塑件，对于类似螺纹管接头这种厚壁塑件，应采用实体网格。

重新选择"实体"网格类型进行网格划分，生成实体网格需要经过两次划分：首次划分生成双层面网格，将双层面网格中出现的错误全部修复，如纵横比、自由边等，纵横比控制在30以内即可，且对匹配百分比没有要求；二次划分将双层面网格转化为实体网格，在此过程中，切勿选择"重新划分网格"，直接生成实体网格即可。图4-2-1所示为螺纹管接头的实体网格模型。

图4-2-1　螺纹管接头实体网格模型

4.2.2　型腔数目的确定和型腔布局的优化

根据该塑件的结构、大小和生产能力等，选择一模两腔。型腔布局有多种形式，布局形式会影响模具的大小与制作成本，以及塑件的生产效率与成型质量等。选择型腔布局形式时，应考虑脱螺纹机构设计、塑件脱模、分型面的选择、流道的设计等。在 Moldflow 软件中型腔布局有两种方式：一是通过建模菜单中的"型腔复制向导"命令；二是通过"平移"→"复制"命令。选择图4-2-2所示的两种较接近的方案进行模流分析比较，方案一中螺纹上的平面段（图4-0-1中标记处）在流道两侧，方案二中螺纹上的平面段则在流道的前后侧。

4.2.3　浇注系统的建立

根据分型面选择原则，螺纹管接头的分型面位置如图4-2-2所示。为保证螺纹的表面质量，从分型面处进胶，因此选择侧浇口较合理。浇注系统的建立有自动和手动两种方法，对于此模型，自动生成的浇注系统无法满足设计要求，所以需手动建立浇注系统，其浇口、分流道、主流道分别通过"创建直线""更改属性类型"和"生成网格"3个命令建立（具体创建步骤参考项目3中浇注系统的建立），创建的结果如图4-2-2所示。注意：浇注系统创建后一定要进行连通性诊断，否则无法进行模流分析。

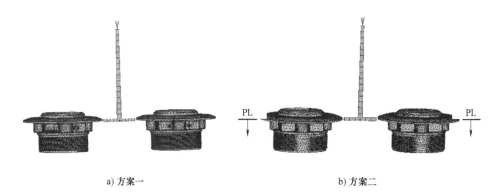

a) 方案一   b) 方案二

图 4-2-2 型腔布局与浇注系统

4.2.4 气穴产生的原因及解决方法

选择螺纹管接头材料为 ABS，采用 Moldflow 默认的工艺参数，分别对两种布局的实体网格模型进行充填分析，分析结果见表 4-2-1 和图 4-2-3。从表 4-2-1 可以看出，两种型腔布局在充填时间等方面相差甚微，但从成型质量上看，方案一中的塑件仅在内螺纹一侧存在少量气穴，而方案二中的塑件则在内、外螺纹同时存大量气穴。

表 4-2-1 两种型腔布局方案的充填分析比较

	充填时间	冻结时间	气穴	体积收缩率	流动前沿温度
方案一	6.082s	6.082s	少量	11.61%	239.4℃
方案二	5.985s	5.984s	大量	11.24%	237.5℃
比较结果	+0.097s	+0.098s	—	+0.37%	+1.9℃

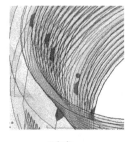 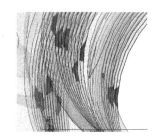

a) 方案一   b) 方案二

图 4-2-3 气穴比较

气穴也称为气泡或气孔，它是在成型制件内部所形成的空隙。根据气穴形成的原因，可以将气穴分成两类：一是由于排气不良等原因，造成熔体中的水分或挥发成分被封闭在成型材料中所形成的气泡；二是由于熔体冷却固化时体积收缩，在制品厚壁或加强筋、凸台等壁厚不均匀处产生的气泡。下面介绍气穴产生的原因和相关的解决方法。

1. 成型工艺不当

成型工艺参数对气穴的产生有直接的影响。例如：注射速度快、注射时间和周期短、注射压力低、加料过多或过少、保压不够、冷却不均匀或冷却不足，以及材料温度和模具温度控制不当，都会引起塑件内产生气穴。尤其是高速注射过程中，气体来不及排出模具型腔，会导致熔体内残留较多的气体。对此，应适当降低注射速度，保持型腔内合理的压力，从而在保证排气通畅和不发生欠注的基础上，消除气穴现象。

此外，针对上面其他情况，可以通过调整注射和保压时间、加强冷却效果、控制进料量等方法来避免气穴。

在调整模具温度和材料温度的时候，为防止熔体降聚分解，产生大量气泡，应注意温度不要太高；但是温度太低又会造成充模困难，在塑料制件中易形成空隙和气泡。因此，应将熔体温度控制得低一些，将模具温度控制得高一些，这样既不会产生大量气体，又不会产生缩孔。

2. 模具缺陷

模具方面存在的缺陷也会造成气穴现象。例如：浇口位置不正确、浇口截面太小、流道狭长、流道内有驻气死角和排气不良。

对此，应主要考虑调整模具结构，将浇口位置开设在塑件厚壁处；加大浇口截面，在一模多腔且成型制件形状不同时，应注意浇口截面与各塑件的重量成比例，否则较大的塑件易产生气泡；减少狭长的流道；消除流道中的驻气死角；改善模具排气情况。

3. 成型原料不符合要求

在气穴产生的情况下，应该充分干燥原料，消除水分，适当降低料温，以防止熔体热分解，减少原料中的挥发成分。

气穴是影响塑件质量的重要因素之一，由此可见，在模具设计时型腔布局选择方案一较合理。

任务3　自动脱螺纹机构的设计及其动作过程

螺纹管接头上有三段螺纹，由于两段内螺纹尺寸不同，且中间有一台阶，故在设计注射模时，两段内螺纹不能在同一侧模具中，否则无法实现脱模。为提高生产率，在设计注射模时考虑两段内螺纹自动同步脱螺纹，外螺纹采用瓣合式滑块进行侧抽芯，模具结构如图4-3-1所示。此注射模为一模两腔，采用侧浇口，分为定模和动模两部分，有3个分型面，分别为PL1、PL2和PL3。定模座板19和定模中间板18之间形成第一分型面PL1，动模中间板20和动模座板21之间形成第二分型面PL2，PL1和PL2用于定距分型，分型面PL1和PL2同时开模到限定位置后起动油马达7。定模板2和动模板4之间形成主分型面PL3，用于分开定模和动模部分。

螺纹管接头注射模同步自动脱螺纹机构的工作原理是：将管接头的两段内螺纹分别置于定模和动模两侧，采用两组螺纹型芯轴3和5成型，通过传动机构组完成其同步脱螺纹动作。传动机构组主要由液压马达7和一系列齿轮与传动轴组成。齿轮包括安装在液压马达7中的传动轴8上的主动锥齿轮9，主动锥齿轮9的前后两侧分别设置有与其相啮合传动的前从动锥齿轮10和后从动锥齿轮11，前从动锥齿轮10上连接有前传动轴12，后从动锥齿轮11上连接有后传动轴13。后传动轴13为特制的传动轴，其结构如图4-3-2所示。后传动轴的一端通过键与齿轮连接，另一端做成三角形状，使得其在合模具时容易插入齿轮中。前传动轴12上安装有前模脱螺纹组件14，后传动轴13上安装有后模脱螺纹组件15。

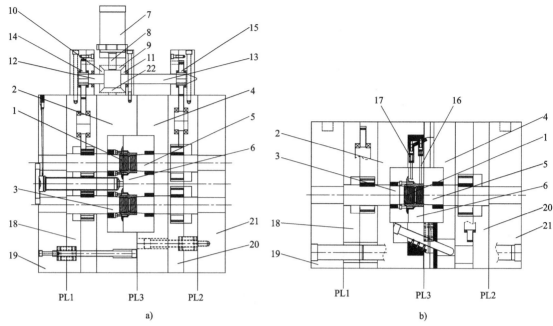

图 4-3-1 螺纹管接头注塑模

1—轴1齿轮 2—轴2齿轮 3、5—螺纹型芯轴 4—动模板 6—滑块 7—液压马达
8—传动轴 9—主动锥齿轮 10—前从动锥齿轮 11—后从动锥齿轮 12—前传动轴 13—后传动轴
14—前模脱螺纹组件 15—后模脱螺纹组件 16—顶杆 17—回复弹簧 18—中间板 19—定模座板
20—动模中间板 21—动模座板 22—中间锥齿轮

图 4-3-2 特制传动轴

以后模脱螺纹组件为例，其结构如图 4-3-3 所示，脱螺纹组件由主动齿轮、从动齿轮、轴 1 齿轮、中间过渡齿轮和轴 2 齿轮组成，完成脱螺纹传动。主动锥齿轮 9 的对面设置有均可与前从动锥齿轮 10 和后从动锥齿轮 11 相啮合传动的中间锥齿轮 22，中间锥齿轮 22 对主动锥齿轮 9、前从动锥齿轮 10 和后从动锥齿轮 11 之间的相互啮合传动起到了平衡的作用，保证了传动的平稳性，即确保前、后模平稳地完成同步绞牙动作。

自动脱螺纹动作过程为：首先分型面 PL1、PL2 在弹簧力作用下开模，起动液压马达通过锥齿轮组和特制传动轴同

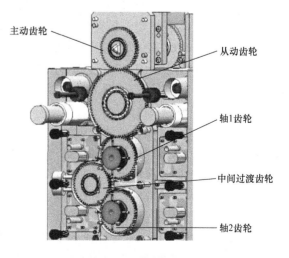

图 4-3-3 后模脱螺纹组件

时带动、定模脱螺纹机构完成动模与定模的同步脱螺纹动作。

任务4　滑块抽芯自动脱模机构设计

　　螺纹管接头上的外螺纹脱模采用斜导柱滑块抽芯机构，为保证产品不粘滑块螺纹，设计了特制的自动脱模机构来完成产品的推出，如图4-4-1所示。滑块抽芯机构主要由滑块、斜导柱、弹簧、挡块、直板等零件组成。滑块做成两瓣式，两侧均设有自动推出机构，不论制件粘在哪边滑块上，都能将其推出。

　　滑块抽芯及自动推出机构的工作原理为：直板固定在滑块上，挡块固定在动模板上，直板随滑块一起运动，由于挡块的作用，合模时直板顶住弹簧顶针；通过直板在滑块内装有8根带弹簧的顶针，同时为了推件平稳，保证制品质量，滑块每侧还装有2个较大的缓冲弹簧，用于辅助推件。当脱螺纹动作完成后，分型面PL3打开，动模向一侧运动，滑块随动模一起运动，同时在斜导柱的作用下向外运动，进行抽芯。由于挡块下端与直板有一斜契面，滑块刚运动时，挡块作用在弹簧顶针上，会延缓制件的推出，以保证制件充分冷却；当直板离开挡块斜契面后，由于压缩弹簧的作用，推杆将制件从滑块上推出，完成脱模动作。

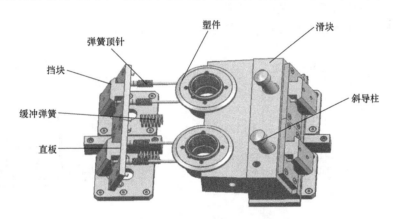

图4-4-1　滑块抽芯自动脱模机构

　　综上所述，在设计螺纹管接头注射模前，先采用Moldflow对型腔布局进行优化，以保证产品质量。在设计时，采用动、定模两边同步自动脱螺纹机构实现两段不同尺寸内螺纹的脱模，主要通过液压马达、齿轮和特制的传动轴完成动作。在齿轮传动过程中，为了保证传动的平稳性，增加了中间锥齿轮。外螺纹采用两瓣式滑块成型，为了防止开模后塑件粘在滑块螺纹上，在滑块上设计了自动推出机构，保证塑件顺利脱模。同时，为了让塑件充分冷却后再推出，在自动推出机构上通过斜契面进行延缓推出，保证了产品质量。

项目5 Moldflow在锂电池外壳热流道注射模开发中的应用

【项目导入】

随着科学技术的发展和锂电池在 IT 行业的发展，锂电池在电动工具、玩具、车辆等行业得到普遍应用。锂电池具有安全、环保、重量轻、体积小、充电方便、续电时间长等优点。图 5-0-1 所示为通用型 20V 锂电池外壳零件图，本项目需完成以下任务：

1）锂电池外壳结构工艺分析。

2）锂电池外壳注射成型工艺分析比较。

3）锂电池外壳热流道模具设计。

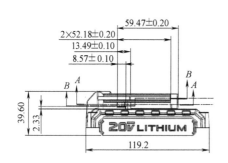
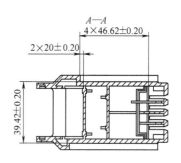
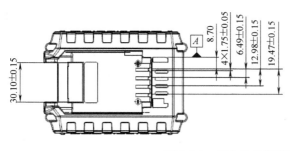
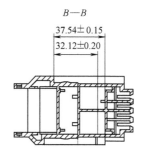

图 5-0-1 锂电池外壳零件图

任务 1 锂电池外壳结构工艺分析

此产品材料为 PC，外形尺寸为 119.2mm×77.5mm×39.6mm，两侧带有凹槽，结构复杂，尺寸精度等级为 MT2，壁厚均匀。要求尺寸具有一致性和稳定性，关键尺寸均要符合 CPK（制程能力值）≥1.33，产品颜色符合技术要求，产品外观无飞边等缺陷，皮纹采用 YS1283A 标准，刻字特征深 0.1~0.2mm，要耐酸，抗老化。

本产品作为电动工具的附件出货，也可以作为单独的商品向市场供货，市场对产品的需求量很大，生产时要考虑其稳定性和成本，因此在设计模具前先使用 Moldflow 软件对塑件成型工艺进行分析。

任务2　锂电池外壳注射成型工艺分析比较

5.2.1　锂电池外壳模型的创建

将在 UG 中建立的锂电池外壳模型另存为 ".stp" 或 ".igs" 格式文件，再导入 Moldflow 中。在划分网格时，设置 "全局边长" 为 "2"，得到的网格匹配百分比为 68.2%。由于网格划分质量对于锂电池外壳模型的分析精度及分析结果有关键性的影响，为确保成型分析的准确度，一般要求网格匹配百分比接近 85%。通过减少网格边长或采用 Moldflow 前处理软件 Moldflow CAD Doctor 提高网格匹配百分比。在实际工程中，一般先试用第一种方法。锂电池外壳模型通过减小网格边长，网格数超过 2 万个（根据实际经验，对于中等复杂制件，网格数为 1.5 万~2 万个），且网格匹配百分比仍远比小于 80%，所以需采用 Moldflow CAD Doctor 软件将锂电池外壳模型上一些不重要的特征去掉，如去除外表面的一些小的倒角和倒圆。锂电池外壳模型前处理完成后，在 Moldflow 中重新划分网格，网格边长为 2mm，经修复后，锂电池外壳网格模型如图 5-2-1 所示，网格统计情况如图 5-2-2 所示，其中网格数为 18288 个，网格匹配百分比达 83.2%，纵横比小于 6，基本满足注射成型分析准确度要求。

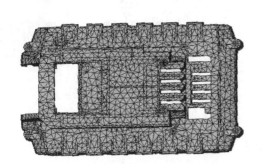

图 5-2-1　锂电池网格模型

图 5-2-2　网格统计情况

5.2.2　型腔数目的确定及其布局

根据锂电池外壳制件的大小、形状、精度及现有的生产能力，确定型腔数为 4 个，因其两侧内凹，需要采用抽芯机构，故其布局如图 5-2-3 所示。

5.2.3　浇口位置的优化选择

浇口类型及浇口位置决定了塑件的成型质量与成型周期，因此选择合理的浇口位置对锂

图 5-2-3　型腔数目及其布局

电池外壳至关重要。Moldflow 软件具有分析最佳浇口位置的功能，设置分析序列为"浇口位置"，材料为 PC，采用默认的工艺参数。经过分析，锂电池外壳的"浇口匹配性"结果如图 5-2-4 所示，蓝色部分为最佳位置，此位置需采用点浇口。但由于浇注系统为非平衡式流道，应尽量减小塑件与塑件之间的充填时间差，以保证塑件成型的一致性。因此，锂电池外壳实际浇口位置如图 5-2-5 所示。

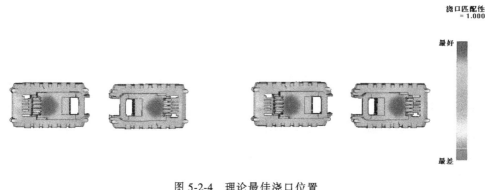

图 5-2-4　理论最佳浇口位置

图 5-2-5　实际浇口位置

5.2.4　浇注系统的建立、分析与比较

建立流道有两种方法，一种是采用 Moldflow 软件中的"流道系统"命令，另一种是通过创建流道系统直线，赋予直线相应的属性，如浇口与流道的类别和尺寸。分别建立冷、热流道，并进行充填分析。通过充填分析，发现冷流道与热流道在料流量和充填时间两方面差距较大。料流量结果如图 5-2-6 所示，采用冷流道所需的料流量为 241.4cm^3，而热流道所需的料流量为 218.1cm^3，相差 23.3cm^3，造成损耗的主要原因是料柄，但料柄回料不允许加入原料中，因为回料的加入会使产品存在爬电距离等潜在的风险。充填时间结果如图 5-2-7 所示，冷流道的充填时间为 1.933s，热流道的充填时间为 1.717s，热流道的成型周期较冷流道短，能够提高锂电池外壳的生产率。

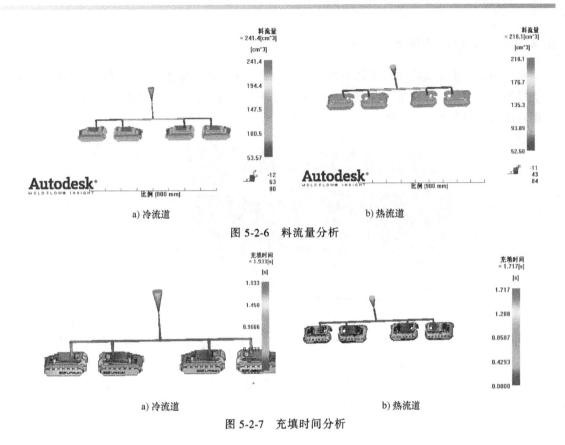

a) 冷流道　　　　　　　　　　　　　b) 热流道

图 5-2-6　料流量分析

a) 冷流道　　　　　　　　　　　　　b) 热流道

图 5-2-7　充填时间分析

任务3　锂电池外壳热流道模具的设计

5.3.1　热流道系统的设计

从锂电池外壳浇注系统的 Moldflow 分析结果可以看出，采用热流道系统较合理，这样既能满足产品的质量要求，避免留下浇口痕迹及其他成型缺陷，如缩痕、银纹和飞边等，又能节约原料，降低成本，提高生产率。本模具采用针阀式热流道，通过时间继电器检测注塑机的合模信号，根据产品模具注射时间的需要，调整延迟锁模注射和在不同时间段关闭针阀等动作，准确开启和关闭针阀热嘴的阀针，以达到使产品无熔接痕的目的。为了防止热源扩散，减少热流道的热量损耗，使用隔热板，如图 5-3-1 所示。

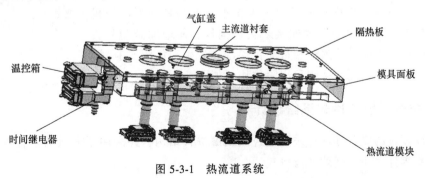

图 5-3-1　热流道系统

5.3.2 成型零件的设计

成型零件的质量直接决定了锂电池外壳的成型质量，因此它们是模具的核心零部件。为便于零件加工，节约模具的制作成本，根据产品的外形特点，将型腔结构设计为组合式，采用螺钉固定，如图 5-3-2 所示。

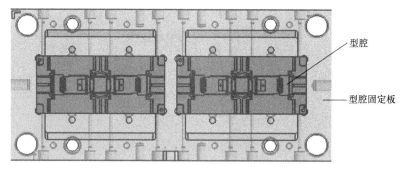

图 5-3-2 型腔板

产品外形结构较为复杂，采用图 5-3-3 所示的两个型芯板，型芯板固定在动模板上。一个型芯板成型两个制件，型芯板由 1 个主型芯、2 个镶件 1、2 个镶件 2、2 个镶件 3 和 4 个侧型芯组成，这种镶拼式结构有利于零件加工和装配。

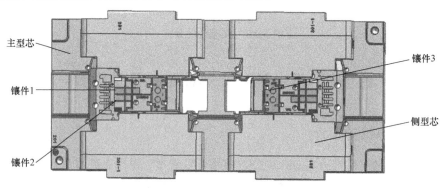

图 5-3-3 型芯板

5.3.3 推出机构设计

由于锂电池外壳成型模具有侧抽芯机构，在滑块下面有推杆，所以推出时要避免推杆和滑块发生干涉。本模具利用注塑机的顶杆和模具推板之间的螺纹连接来实现推件，靠增加微动开关进行双重保护，以同步保障注塑机无错误动作发生，如图 5-3-4 所示。其次为了防止顶死，采用顶出限位块，如图 5-3-5 所示。

图 5-3-4 微动开关

5.3.4 排气系统与冷却系统设计

由于该模具的成型零件均采用组合式或镶拼式结构，并采用了大量的推杆等活动零件，可利用这些零件之间的间隙进行排气。

为了防止热流道喷嘴头热量过分集中，从而导致产品上有"太阳圈"，同时为了冷却平衡和减少冷却周期，锂电池外壳热流道模采用四条并行的平衡水路，即每个型腔单独冷却，水路均布在塑件周围，冷却均匀且速度快，如图5-3-6所示。

图 5-3-5 顶出限位块

图 5-3-6 水路图

5.3.5 模具的整体结构与工作原理

锂电池外壳热流道模的结构如图5-3-7所示。热流道模的工作原理为：将喷嘴及热流道板安装在注射模上，利用加热的原理，使塑料从料筒出来后始终保持熔融状态。塑件脱模时，由于针阀的作用而关闭喷嘴口，避免出现几条流道，从而无废料产生。

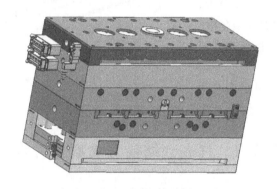

图 5-3-7 模具结构图

对于锂电池外壳，通过 Moldflow 软件分析优化其注射模设计方案，该模具的设计方案具有以下特点：

1）采用热流道技术，提高了产品的一致性、稳定性与产品寿命，能够节约原料，降低成本，大大缩短生产周期。

2）通过 Moldflow 软件分析与比较，选择合理的浇口位置，以保证产品质量。

3）在成型零件设计时，考虑了零件的制造与装配。

4）在冷却系统设计时，考虑冷却平衡。

5）在推出机构设计时，考虑避免干涉。

项目6 Moldflow在解决仪表盒成型缺陷中的应用

【任务导入】

图 6-0-1 所示为某企业生产的仪表盒结构图。在实际生产中，由于浇口设计不合理，仪表盒出现短射、缩痕等成型缺陷。现应用 Moldflow 软件对其进行模流分析，根据分析结果找出问题产生的原因，并提出改进方案。具体任务如下：

1）仪表盒结构与成型工艺分析。

2）原始浇口设计方案成型分析。

3）应用 Moldflow 分析仪表盒成型缺陷。

4）应用 Moldflow 解决仪表盒成型缺陷。

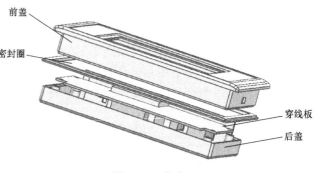

图 6-0-1 仪表盒

任务1 仪表盒结构与成型工艺分析

仪表盒由前盖、后盖、密封圈及穿线板组成。前、后盖采用一副模具，一模两腔，制件材料为 ABS，收缩率为 0.5%，精度等级为 MT3，为薄壳件，平均壁厚为 2mm。前盖结构如图 6-1-1 所示，基本尺寸为 173mm×80mm×14mm，加强筋较多，其厚度为 1.5mm；后盖结构如图 6-1-2 所示，基本尺寸为 160mm×80mm×28mm，安装孔壁厚为 2.5mm。仪表盒要求前、后盖表面做皮纹处理，与密封圈、穿线板之间配合较好，无任何成型缺陷。

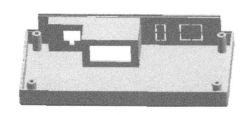

图 6-1-1 前盖

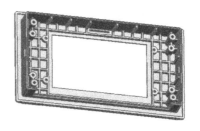

图 6-1-2 后盖

任务 2　原始浇口设计方案成型分析

由于制件外观质量要求较高，不能留有浇口痕迹，在推杆上设计潜伏式浇口，两边各由a1 、b1 进胶，浇口直径为 1.2mm，如图 6-2-1 所示。采用现有设备 ZYK108 注塑机成型，首次试模时，产品出现顶白、缩痕、欠注等成型缺陷，如图 6-2-2、图 6-2-3 所示。

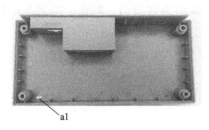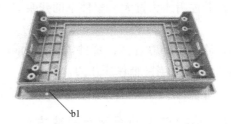

图 6-2-1　两侧各由一点进胶

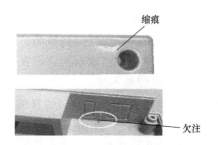

图 6-2-2　前盖成型缺陷　　　　　图 6-2-3　后盖成型缺陷

6.2.1　顶白产生的原因及解决方法

顶白，又叫顶部泛白，其表征现象是：塑件表面出现比较明显的白化，即霜状微细裂纹。之所以出现顶白，主要是因为在顶白处受力过大。在塑件出现顶白的部位，耐化学药品性能和力学性能均大幅度下降。产生顶白现象的原因及排除方法如下。

1. 成型模具

1）若型腔表面粗糙，使得脱模阻力加大，从而导致顶白。对此，应降低型腔内表面粗糙度值。

2）若推杆顶在塑件的薄弱处，将会加剧顶白现象发生。对此，应将推出装置设置在壁厚处。

3）若模具的脱模斜度过小，使塑件的脱模阻力增大，在推出时塑件所受的力也增大，易发生顶白现象。对此，应适当增加脱模斜度。

4）为了提高顶出部位的强度，可对此处进行局部强化，可在结构上和壁厚上进行强化。

5）若推杆与塑件的接触面积过小，塑件局部应力很大，导致塑件产生顶白。对此，应适当加大推杆端部的截面积。

6）对于有型芯的塑件，脱模较困难，也易出现顶白。对此，应释放型芯与塑件间的真空状态，如在型芯内装气阀来释放真空。

2. 成型工艺

1）若熔体和模具的温度相差过大，使得塑件中的残余应力加大，在局部受力时易出现顶白。对此，应降低熔体温度，减小熔体和模具间的温差。

2）若冷却时间过短，塑件内的应力难以充分平衡，当局部受力过大时，即出现顶白现象。对此，应适当延长冷却时间。

3）若注射压力过大，塑件中的残余应力也大，从而导致顶白。对此，应适当降低注射压力。

4）若保压压力过高，塑件内的应力较大，在受到较大推件力作用时，易出现顶白现象。对此，应适当降低保压压力。

5）若保压时间过长，也易产生残余应力，从而出现顶白。对此，应缩短保压时间。

6.2.2 缩痕产生的原因及解决方法

缩痕为制品表面的局部塌陷，又称凹痕、缩坑、沉降斑。当塑件厚度不均时，在冷却过程中有些部分就会因收缩过大而产生缩痕。但如果在冷却过程中表面已足够硬，发生在塑件内部的收缩则会使塑件产生结构缺陷。缩痕容易出现在远离浇口位置以及制品厚壁、筋、凸台及内嵌件处。产生缩痕现象的原因及排除方法如下。

1. 成型条件控制不当

可适当提高注射压力，增加熔料的压缩密度，延长注射和保压时间，以补偿熔体的收缩，增加注射缓冲量。如果凹陷和缩痕发生在浇口附近，可以通过延长保压时间来解决；当塑件在厚壁处产生凹陷时，应适当延长塑件在模内的冷却时间；如果嵌件周围由于熔体局部收缩而引起凹陷及缩痕，这主要是由于嵌件的温度太低而造成的，应设法提高嵌件的温度；如果由于供料不足而引起塑件表面凹陷，应增加供料量。此外，塑件在模内的冷却必须充分。

2. 模具缺陷

结合具体情况，可适当扩大浇口及流道截面尺寸，浇口位置尽量设置在对称处，进料口应设置在塑件厚壁的部位。如果凹陷和缩痕发生在远离浇口处，一般是由于模具结构中某一部位熔体流动不畅，阻碍了压力传递，应适当扩大模具浇注系统的结构尺寸，最好让流道延伸到产生凹陷的部位。

3. 原料不符合成型条件要求

对于表面要求比较高的塑件，应尽量采用低收缩率的树脂。

4. 塑件结构设计不合理

进行塑件结构设计时，壁厚应尽量一致。若塑件的壁厚差异较大，可通过调整浇注系统的结构参数或改变塑件壁厚分布来解决。

塑件壁太厚或边角处热量集中时，难以冷却。一般塑件壁厚不超过3.5mm（气辅或发泡成型除外），若边角处较厚，可使顶面壁厚渐变减薄，并使该区域充分冷却，以减少收缩。

5. 工艺调整

（1）压力调整　在达到满射时的注射压力的基础上，每次注射递加0.5~1MPa，直至压力增加至设备最大注射压力。调整过程中，注意观察制件的脱模情况，若出现拉白、顶白等现象，应对拉白、顶白位置喷脱模剂，以防止造成试模失败而影响装配验证。当注射压力尚未增至设备最高压力，而制件分型面已胀模时，则以当前压力为最高压力，无须再增压至设备最大注射压力，但必须做试模记录，并保留胀模的样件。找准最大注射压力后，需进行时间调整。

（2）时间调整 观察注射行程电子尺，将注射、保压时间延长至注射行程电子尺无位移。若仍不能解决，进行模具温度调整。

（3）模具温度调整 降低产生缩痕处的模具温度至30℃以下。

通过以上工艺调整，若仍不能去除缩痕现象，可认为缩痕无法通过调整注射工艺来解决。

根据成型缺陷分析，先通过调整成型工艺参数的办法去除成型缺陷。将冷却时间由8s延长至10s、注射压力由7MPa增加至9MPa、熔体温度由2100℃增加至2300℃，反复调整后，顶白现象得到改善，但缩痕和短射仍然存在。需考虑修改模具。原方案采用a1、b1浇口，位置设在产品边缘，流程长、阻力大，浇口尺寸小，冷却凝固快，易造成缩痕与短射现象，现在制件两侧各增加一个浇口a2、b2，如图6-2-4所示，前盖成型质量有明显改善，后盖仍有少量缩痕和短射现象。在后盖一侧再增加一个浇口b3，模具实物如图6-2-5所示，再次试模发现，制件仍然存在成型缺陷。

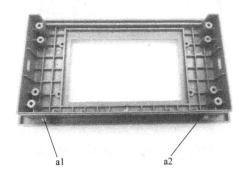 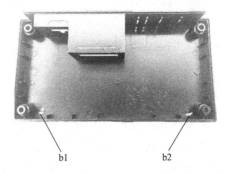

图 6-2-4 两侧各由两点进胶

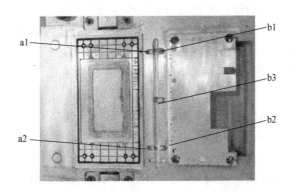

图 6-2-5 "两点+三点"进胶模具实物

仪表盒成型模具通过增加浇口数目反复修模、试模，仍未彻底消除产品成型过程中出现的缺陷，既增加了模具的制造成本，又延长了交付周期，这种传统的模具加工方法严重阻碍了我国模具产业国际化发展进程。为快速检查出模具存在的问题，并指导后续修模，可应用CAE技术对产品成型进行模拟分析，为后续修模提出合理化建议。

任务3　应用 **Moldflow** 分析仪表盒成型缺陷

6.3.1　应用 Moldflow CAD Doctor 简化模型

为提高网格质量，分析产品前，首先应用 Moldflow CAD Doctor 在"简化"环境下，修复自由边、自由边环路等模型缺陷，去除小圆角、小倒角、小圆孔、小沟槽、文字等小特征，以简化模型，如图 6-3-1 所示。将简化后的模型在"转换"环境下导出。

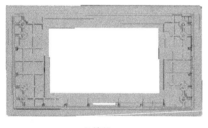

a) 前盖 　　　　　　　　　　　　　　　　　b) 后盖

图 6-3-1　简化后的模型

6.3.2　Moldflow 分析前的准备

在用 Moldflow 进行分析前，要进行网格处理、型腔布局、浇注系统设计、冷却系统设计、材料选择、成型工艺参数设置、注塑机的选择等操作，其中网格质量是影响模流分析准确性的关键因素，也是应用 Moldflow 分析的难点。

1. 网格处理

由于同时分析两个不同制件，需分别对制件模型进行网格处理，为满足分析要求，需使网格匹配百分比达85%以上。先处理后盖模型网格，由于其为薄壁塑件，选择"双层面"网格类型，网格边长为 6.4mm，生成网格后，网格统计的结果见表 6-3-1。网格匹配百分比为86.2%，已经满足分析要求，但网格质量较差，存在自由边、取向、纵横比过大等严重问题，必须一一处理。在处理过程中，优先处理纵横比问题，因为在修复过程中还会产生自由边与取向等问题。通过纵横比诊断，发现大量网格的纵横比超过6，修复量大、耗时长，且由于后盖具有圆柱、狭长形等结构，如图 6-3-2 所示，不利于修复操作，故修复难度较大，要求使用 Moldflow 的人员具有丰富的网格修复经验。通过使用"交换边""合并节点"等网格修复工具，将网格纵横比控制在6以内。纵横比修复后，进行自由边、连通性、取向等的检查与修复，以保证网格质量。修复后的后盖模型如图 6-3-3 所示。采用同样方法对前盖模型进行网格处理，控制网格质量，匹配百分比达91%，满足分析要求，修复后的前盖模型如图 6-3-4 所示。

表 6-3-1　后盖网格统计情况

名称	数值
自由边	59
共用边	11572
交叉边	2
配向不正确的单元	1
相交单元	22
重叠单元	6
最大三角形纵横比	60.07
匹配百分比	86.2%
相互百分比	83.7%
重叠单元	59

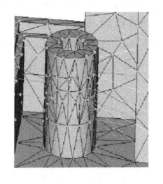
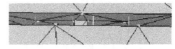

图 6-3-2　难修复的网格

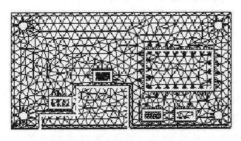

图 6-3-3　修复后的后盖模型

图 6-3-4　修复后的前盖模型

2. 最佳浇口位置分析

由于一模成型两个不同制件，Moldflow需分别对前盖和后盖进行浇口位置分析。材料选择ABS塑料，设定熔体温度为240℃，其他参数采用软件默认参数，分析结果如图6-3-5所示。从浇口匹配性的分析结果可以看出，后盖实际设计的浇口位置偏离分析结果较大，前盖的浇口位置基本吻合；从流动阻力指示器的分析结果可以看出，由于后盖四周安装孔孔壁较厚，阻力最大，易产生缩痕与短射现象，与实际试模情况相符，应考虑采取排气、增大注射压力等方法解决问题。

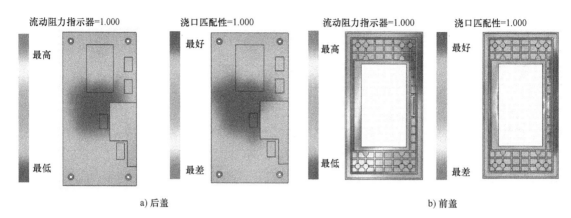

流动阻力指示器=1.000 浇口匹配性=1.000 流动阻力指示器=1.000 浇口匹配性=1.000

最高 / 最低 最好 / 最差 最高 / 最低 最好 / 最差

a) 后盖 　　　　　　　　　　　　　　b) 前盖

图 6-3-5　浇口位置分析结果

3. 型腔布局与分型面的选择

由于模具的两个型腔不同，故不能使用"型腔复制"命令，以前盖模型为基准，使用"添加"命令导入后盖模型，根据图 6-3-5 所示的浇口匹配性分析结果，使用"平移""旋转""测量"命令合理布局型腔，两腔之间的距离为 50mm，如图 6-3-6 所示。选择分型面时，考虑脱模、产品表面质量等因素，选择截面尺寸最大的面为分型面，如图 6-3-7 所示。

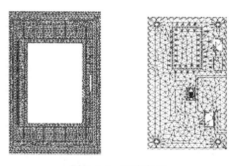

图 6-3-6　型腔布局

PL ——　　　　　　　—— PL

图 6-3-7　分型面位置

4. 浇注系统与冷却系统的创建

由于采用潜伏式浇口，且一模成型两个不同制件，只能手动创建浇注系统。先创建直线，主流道长为 80mm，分流道长分别为 120mm、40mm，浇口长分别为 8mm、15mm，创建直线后设置各段直线属性分别为"主流道""分流道"和"浇口"，其中分流道和浇口均采用圆形截面，直径分别为 6mm 和 1.2mm，重新生成浇注系统网格。手动创建冷却系统，管道直径为 10mm，如图 6-3-8 所示。浇注系统网格创建后必须重新进行网格连通性诊断，确保模型符合模流分析要求。

6.3.3　Moldflow 分析结果比较

采用 Moldflow 软件分别对"1+1"浇口（图 6-3-9a）、"2+2"浇口（图 6-3-9b）及"2+3"浇口（图 6-3-9c）方案进行"充填+保压+冷却+收缩"模拟分析，结果见表 6-3-2。从表 6-3-2 可以看出，采用现有注塑机 ZYK108，当一侧只有 1 个浇口时，存在短射现象；浇口数越多，充填时间越短、气穴数越少，但熔接痕明显增多（图 6-3-9）、缩痕现象更严重

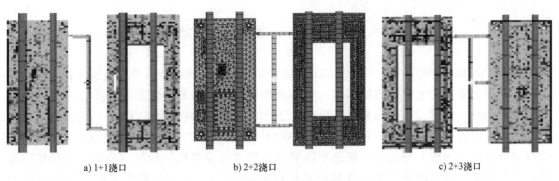

　　a) 1+1浇口　　　　　　　　b) 2+2浇口　　　　　　　　c) 2+3浇口

图 6-3-8　浇注系统与冷却系统的创建

（图 6-3-10）。熔接痕影响制件的强度，在使用过程中存在受载断裂等安全隐患。缩痕指数越高的部分越容易产生收缩。由此可见，仪表盒塑料模不能仅通过采用增加浇口数目的方法消除成型缺陷。

表 6-3-2　不同浇口数目对成型质量的影响

浇口数	充填时间/s	气穴	熔接痕	缩痕指数（%）	其他
1+1	1.368	最多	最少	4.671	短射
2+2	1.359	较多	较多	5.813	无
2+3	1.351	最少	最多	5.888	无

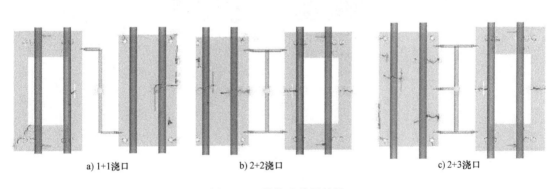

　　a) 1+1浇口　　　　　　　　b) 2+2浇口　　　　　　　　c) 2+3浇口

图 6-3-9　熔接痕分析结果

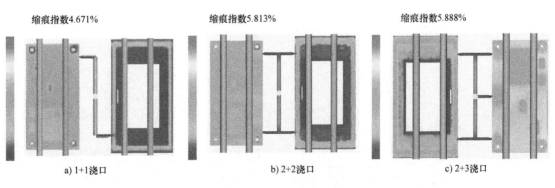

缩痕指数4.671%　　　　　　缩痕指数5.813%　　　　　　缩痕指数5.888%

　　a) 1+1浇口　　　　　　　　b) 2+2浇口　　　　　　　　c) 2+3浇口

图 6-3-10　缩痕分析结果

任务 4　应用 Moldflow 解决仪表盒成型缺陷

　　根据 Moldflow 分析结果，1+1 浇口方案除短射现象外，其他方面的成型质量较另外两种方案好。引起制件产生短射的原因有：熔体流程长、ABS 的流动性不够和排气不良；浇口直径为 1.2mm，尺寸过小，未充填完毕浇口已经冷却凝固；注塑机 ZYK108 的实际加工参数没有达到设定的工艺参数等。为节省再次试模时间，降低加工成本，采用 Moldflow 分析技术将原浇口直径增加至 1.5mm，重新选择注射压力较大的注塑机进行模拟分析，结果显示可消除短射缺陷，有效改善缩痕，合格产品如图 6-4-1 所示，为再次修模提供了有力的科学依据。

图 6-4-1　合格产品

项目7 Moldflow在二次抽芯机构注射模开发中的应用

【任务导入】

图 7-0-1 所示的连接件为某品牌体重秤零部件，用于连接金属管，生产批量为 2 万件，材料采用 ABS 工程塑料，要求产品具有良好的强度、刚度等使用性能，表面不能有明显的成型缺陷，能保证安装时的内孔的圆度要求。本项目需完成以下任务：

1）连接件的结构特点与成型工艺分析。

2）连接件注射模总体方案设计分析。

3）应用 Moldflow 分析优化连接件浇口设计方案。

4）组合式二次抽芯机构设计。

5）连接件注射模工作原理分析。

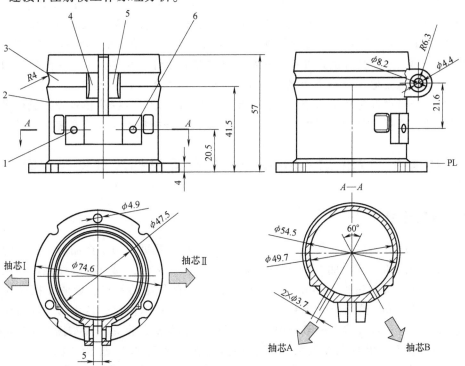

图 7-0-1 连接件

1—斜孔一 2—凹陷 3—环形凹槽 4—台阶孔一 5—台阶孔二 6—斜孔二

任务1　连接件的结构特点与成型工艺分析

连接件的大端外形尺寸为 $\phi74.6$mm×4mm，小端外形尺寸为 $\phi54.5$mm×53mm，内表面尺寸为 $\phi49.7$mm×57mm，孔壁厚为 2.4mm。距产品大端面 20.5mm 处，左右对称均布两个 $\phi3.7$mm 的斜孔，其夹角为 60°。产品有 5 处凸台，其中两处 R6.3mm 的凸台开设台阶孔，尺寸分别为 $\phi4.4$mm 和 $\phi8.2$mm，壁厚分别为 4.1mm 和 2.1mm，此处壁厚不均匀。距大端面 41.5mm 处，设有半径为 4mm 的环形凹槽，与其过渡连接的管外径为 57.5mm，较小端外径大 3mm。产品在小端处开有 5mm×29mm 的卡槽。

综上分析，连接件壁厚不均匀，属于结构复杂、规格中等的圆筒形管类零件，为提高生产率，降低产品成本，根据其生产批量及成型材料，采用注射成型。

任务2　连接件注射模总体方案设计分析

如图 7-0-1 所示，连接件在 1～6 处分别开设 $\phi3.7$mm 的孔、外径差为 3mm 的凹陷、半径为 4mm 的环形凹槽、尺寸分别为 $\phi4.4$mm 与 $\phi8.2$mm 的台阶孔，这些结构特征与正常的开模方向均不一致，需要采用抽芯机构。其中 2 处、3 处、4 处与 5 处采用瓣合式侧向分型与抽芯机构，进行侧向抽芯 Ⅰ 时，开模时向左抽芯，进行侧向抽芯 Ⅱ 时，开模时向右抽芯；1 处和 6 处的小孔分别采用斜向抽芯，进行斜向抽芯 A 时偏离正前方30°向左，进行斜向抽芯 B 时，偏离正前方30°向右。侧向抽芯 Ⅰ、Ⅱ 与斜向抽芯 A、B 不在同一高度。

为便于脱模，根据注射模分型面选择原则，一般选择制件的最大截面为分型面，故该连接件的分型面 PL 选在大端面，具体位置如图 7-0-1 所示。产品为管类零件，规格中等，模具适宜采用一模一腔。良好的产品质量依靠合理的模具设计，浇注系统是一副模具的核心结构之一，主要由主流道、分流道和浇口等部分组成，其中浇口是关键部位，直接决定模具设计的有效性。浇口设计包括浇口位置、浇口形状及浇口数量。为提高模具开发成功率，缩短模具加工周期，降低模具制作成本，应用 Moldflow 软件分析技术优化模具浇口设计。

任务3　应用 Moldflow 分析优化连接件浇口设计方案

7.3.1　浇口分析

打开 Moldflow 分析软件，导入 ".stp" 格式的连接件模型。由于产品属于一般的壳类注射件，网格类型选择"双层面"，"全局边长"设为"1.13"，生成 52412 个网格单元，网格匹配百分比为 91.6%，达到 Moldflow 分析对网格匹配百分比的要求，说明连接件模型的网格质量较高，Moldflow 模拟分析结果更符合实际情况。经过纵横比、自由边、连通性等网格诊断与修复，可进一步提高 Moldflow 分析的准确性。修复后的网格模型如图 7-3-1 所示。

选择 ABS 材料，模具温度设为 50℃，熔体温度设为 230℃，进行"浇口位置"分析，结果如图 7-3-2 所示，最佳浇口位置 N1461 节点在斜孔 1 处，如图 7-3-3 所示。由于连接件表面不能有浇痕，结合 Moldflow 分析结果、分型面位置及产品的结构特点等，浇口位置设置在大端面的内孔表面上。

由于连接件属于圆筒形件，为方便去除浇口，浇口形式采用轮辐式浇口，浇口数目初设为 3 个或 4 个，分别如图 7-3-4、图 7-3-5 所示。应用 Moldflow 分析技术对两种浇口方案进行"填充+保压"分析，分析结果见表 7-3-1、图 7-3-6 和图 7-3-7。

图 7-3-1　网格模型

图 7-3-2　浇口匹配性

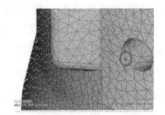
图 7-3-3　最佳浇口位置

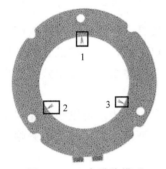
图 7-3-4　3 点进胶模型

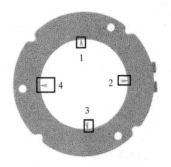
图 7-3-5　4 点进胶模型

表 7-3-1　Moldflow 对两种浇口方案进行"填充+保压"分析结果

分析项目	浇口数目		比较结果	结论
	3 个	4 个		
充填时间/s	2.589	2.592	−0.003	3 点
填充末端冻结层因子	0.2136	0.2024	+0.112	4 点
缩痕估算/mm	0.1458	0.1402	+0.0056	4 点
体积收缩率（%）	9.771	9.761	+0.01	4 点
熔接痕	少许	大量	—	3 点

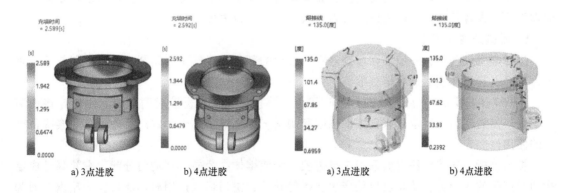

a) 3点进胶　　　b) 4点进胶　　　　　　a) 3点进胶　　　b) 4点进胶

图 7-3-6　充填时间　　　　　　　　　　图 7-3-7　熔接痕

7.3.2　熔接痕产生的原因及解决方法

熔接痕属于产品表面质量缺陷，是产品注射成型过程中两股以上的熔融树脂流相汇合所产生的细线状缺陷。其产生原因及相关解决方法如下。

1. 熔体流动性不足，材料温度较低

在低温的情况下，聚合物熔体的流动和汇合性能降低，容易产生熔接痕。对此，可以适当提高料筒和喷嘴的温度，同时降低冷却介质的流速、流量，保证一定的模具温度。

一般情况下，熔接痕部位的强度较差，通常可以通过局部加热的方法提高制件产生熔接痕部位的温度，从而保证塑件的整体强度。

对于必须采用低温成型的情况，可以适当提高注射压力和速度，从而提高熔体的流动性能和汇合能力，也可以采用增加润滑剂的方法，提高熔体的流动性能。

2. 模具缺陷

熔接痕主要产生于熔体的分流汇合处，因此，模具的浇注系统对熔接痕的产生有很大的影响。对此，在模具设计的过程中，应尽量减少浇口的数量，合理设置浇口位置，加大浇口截面积，设置辅助流道及分流道。在模具设计中，还应注意设计冷料穴，防止因低温熔体注入而产生熔接痕。

在熔接痕产生的位置，由于充模力大，往往会产生飞边。可以很好地利用飞边，在飞边处开一很浅的沟槽，将熔接痕转移到飞边上，并在成型结束后，将飞边去除。

3. 塑件结构设计不合理

塑件壁厚差异悬殊或是嵌件过多时，都有可能产生熔接痕。在熔体充模过程中，由于薄壁位置充模阻力较大，因此熔体分流总是在薄壁处汇合，并产生熔接痕。而且，熔接痕部位的强度降低，会导致塑件在薄壁处出现断裂。对此，在设计过程中，要保证塑件有一定的壁厚，并尽量保持塑件壁厚的一致性。

4. 模具排气不良

熔接痕的位置与合模线或嵌件缝隙相距较远，并且排气孔设置不当，这时多股熔体流汇聚赶压的空气无法排出，气体在高压下释放大量热能，导致熔体分解，从而出现黄色或黑色的碳化点。这种情况下，塑件表面熔接痕附近总是会反复出现这类斑点。产生的原因就是模具的排气不良。

对此，应该首先检查排气孔情况，如果排气孔无阻塞物，则应在熔接痕出现位置处，增加排气孔，或者是重新定位浇口或适当降低合模力，以方便排气。

5. 脱模剂使用不当

注射成型过程中，一般仅在螺纹等不易脱模的部位少量使用脱模剂。脱模剂用量不合理时，也会引起塑件表面产生熔接痕。

从表 7-3-1 可见，3 点进胶的充填时间少，熔接痕比 4 点进胶时明显少。由于连接件需要承受一定的载荷，要求具有良好的强度和刚度，熔接痕多不仅影响产品外观，更会降低产品的使用性能。

综上分析，连接件注射模采用 3 点进胶。为使熔体在径向得到均匀分配，有效降低成型冷却时产生的内应力，防止浇口处产生变形等缺陷，浇口形式选用扇形浇口，分流道截面为圆形。

任务4　组合式二次抽芯机构设计

连接件注射模需要完成 4 个不同方向的抽芯，即侧向抽芯 I 、 II 与斜向抽芯 A、B。初始抽芯方案为：采用 4 个正常的滑块，抽芯由 4 个液压缸驱动，先完成斜向抽芯 A、B 后，再进行侧向抽芯 I 、 II ，这种结构会导致模具总体外形较大，动作复杂，试模时需要 4 个液压缸，且需分步进行控制，任何动作不完全到位，均会造成滑块干涉，导致模具报废。为简化模具结构，控制模具制作成本，采用图 7-4-1 所示的组合式二次抽芯机构，抽芯机构主要由液压缸、动模板、大滑块、主型芯、连接件、斜孔型芯、压块、镶块和小滑块等零部件组成，为便于表达内部结构，图中隐去右侧的大滑块与液压缸。

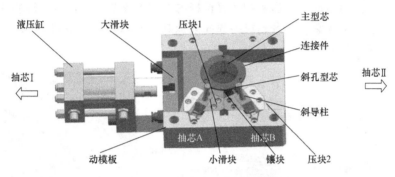

图 7-4-1　组合式二次抽芯机构

大滑块的结构如图 7-4-2 所示，采用 T 形瓣合式哈夫块结构，其主要作用有两点：一是用于成型连接件外表面；二是用于安装斜向抽芯机构。大滑块主要由外形成型面、小滑块导滑槽、压块安装面、锁紧面、斜孔型芯安装孔、液压缸连接槽等组成。大滑块通过 T 形槽与液压缸连接，在液压缸的带动下沿动模板的 T 形槽移动，从而实现侧向抽芯与复位。

定模板的结构如图 7-4-3 所示，主要由大滑块锁紧面、斜导柱安装孔、小滑块锁紧面、轮辐式流道和连接件大端外形成型面等组成，主要用于成型连接件的大端面外形、复位时锁紧大滑块、安装斜向抽芯机构的斜导柱，同时在小滑块复位时进行锁紧。斜向抽芯机构主要由小滑块、斜导柱、压块、斜孔型芯等组成。利用压块将小滑块固定在大滑块上，斜导柱安

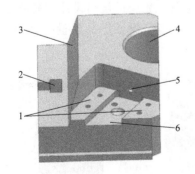

图 7-4-2　大滑块

1—压块安装面　2—液压缸连接槽　3—锁紧面

4—外形成型面　5—斜孔型芯安装孔　6—小滑块导滑槽

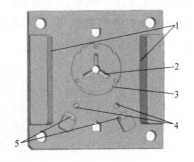

图 7-4-3　定模板

1—大滑块锁紧面　2—轮辐式流道　3—外形成型面

4—斜导柱安装孔　5—小滑块锁紧面

装在定模板中。

任务5　连接件注射模工作原理分析

开模时，动模向后运动，小滑块由于斜导柱的作用沿着定模板上的锁紧面，在压块形成的 T 形导滑槽中向外运动进行抽芯，如图 7-5-1a 所示。当小滑块与动模板侧壁接触时停止运动，即动模板对小滑块运动起限位作用，限位面如图 7-5-1b 所示，完成斜向抽芯 A、B。动模继续运动，两侧液压缸分别带动大滑块进行侧向抽芯，斜向抽芯机构则随着大滑块一起移动；当大滑块移动一定距离后停止运动，完成侧向抽芯 Ⅰ、Ⅱ。由于产品为筒形件，无合适的推杆及推出位置，为保证推件平衡，采用推件板推出机构将制件推出。

合模时，动模向前运动，推出机构在复位杆的作用下先复位，两侧大滑块在液压缸的作用下复位，并由定模板锁紧，随着动模一起向前运动，小滑块在斜导柱作用下复位并锁紧，完成产品的一个成型周期。

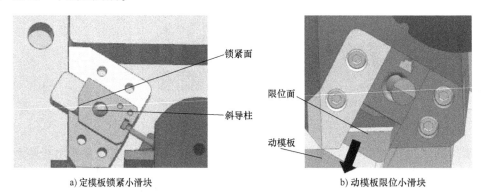

a) 定模板锁紧小滑块　　　　　　　　　b) 动模板限位小滑块

图 7-5-1　斜孔抽芯机构

连接件注射模的模型如图 7-5-2 所示，模具总体尺寸为 250mm×200mm×321mm，属于中小型模具。图 7-5-3 所示为模具实物图。模具采用了组合式二次抽芯机构，将小滑块的斜向抽芯机构嵌入大滑块的侧向抽芯机构，开模时能实现连续的抽芯动作，即先斜向抽芯后侧向抽芯，合模时先大滑块复位后小滑块再复位。模具结构紧凑，动作连续、简单、安全可靠，能避免滑块发生干涉。同时，应用 Moldflow 软件对连接件注射模的浇口设计方案进行分析比较，确定采用 3 个扇形侧浇口，有效克服了熔接痕的产生，保证产品质量符合相关要求。图 7-5-4 所示为产品实物图。

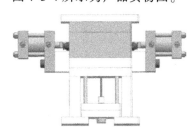

图 7-5-2　模具模型　　　　　图 7-5-3　模具实物　　　　　图 7-5-4　合格产品

参 考 文 献

[1] 陆相文.Moldflow 在汽车注塑件成型工艺中的应用分析 [D]. 青岛：青岛大学，2017

[2] 陈叶娣，黄敏高，陈欣吕，等.CAE 技术在解决仪表盒注塑成型缺陷中的应用 [J]. 塑料，2018，47（1）：108-112.

[3] 曾喜生，林启权.Moldflow 在选择浇口位置中的应用 [J]. 模具技术，2011（2）：51-55

[4] 陈叶娣，黄敏高，季卫东.基于 Moldflow 3D 技术的螺纹管接头注塑模设计 [J]. 塑料科技，2014，42（7）：102-105.

[5] 王洪亮.POS 机壳注塑成型 CAE 分析与模具结构优化设计 [D]. 广州：华南理工大学，2018.

[6] 陈叶娣，黄敏高，严小锋，等.基于 CAE 技术的智能电表箱注塑模浇口优化设计 [J]. 塑料科技，2016，44（2）：60-63.

[7] 柴建国，陈叶娣，严小锋.基于 CAE 技术的锂电池外壳针阀式热流道注塑模设计 [J]. 塑料，2014，43（5）：98-101.

[8] 王波.Moldflow 模流分析在注塑过程中的应用 [J]. 塑料科技，2015，43（6）：75-78.

[9] 陈艳霞.Moldflow 2018 模流分析从入门到精通：升级版 [M]. 北京：电子工业出版社，2018.

[10] 陈智勇.Moldflow6.1 注塑成型从入门到精通 [M]. 北京：电子工业出版社，2009.

[11] 陈叶娣.基于 CAE 技术的电池盒注塑模浇口位置优化设计 [J]. 塑料科技，2012，40（6）：62-64.

[12] 江丽珍.基于 Moldflow 的汽车操纵杆注塑成型质量分析与优化 [D]. 广州：华南理工大学，2018.

[13] 陈叶娣，黄敏高，严小锋.管接头的二次抽芯机构注塑模具开发 [J]. 现代塑料加工应用，2019，31（6）：48-51.